Gruber I Neumann

Casio fx-991DE X

Autoren: Helmut Gruber, Robert Neumann

Gesamtherstellung: Freiburger Verlag, Freiburg

Inhaltsverzeichnis

Wie arbeitest du mit diesem Buch?

Dieses Buch soll dir die Arbeit mit dem Taschenrechner fx-991 DE X erleichtern. Es will nicht die Bedienungsanleitung ersetzen, vielmehr sollst du anhand von vielen Beispielen die Möglichkeit haben, den Taschenrechner kennenzulernen. Daher wird nicht systematisch jede denkbare Funktion des Geräts abgearbeitet, sondern es werden durch Beispiele die Themen vorgestellt, die in der Schule eine Rolle spielen.

Wie ist das Buch aufgebaut?

Das Buch besteht aus mehreren Kapiteln. In den ersten Kapiteln lernst du die grundlegenden Funktionen des Rechners kennen, dann schließen sich weitere Themen an, manche davon wirst du sofort brauchen, manche noch nicht.

Am Anfang jedes Kapitels wird kurz erläutert, worum es geht. Dann wird eine zum Thema passende Beispielaufgabe gerechnet. Anschließend werden Bemerkungen und typische Fehlerquellen aufgelistet. Man lernt am besten durch Üben. Deswegen gibt es zu jedem Thema eine oder mehrere Übungsaufgaben. An diesen kannst du direkt anwenden, was du gerade gelesen hast.

Der fx-991 DE X ist das Nachfolgemodell zum fx-991 DE PLUS. Einige Unterschiede sind z.B. ein höher auflösendes Display, die Arbeit mit Tabellen und die Möglichkeit, die Wertetabellen von zwei Funktionen gleichzeitig anzeigen zu lassen.

Wichtige Tipps werden durch dieses Symbol am Rand hervorgehoben.

Robert Neumann und Helmut Gruber

1 Der Taschenrechner

Der Taschenrechner ist in verschiedene Bereiche unterteilt. Du kannst dies auch an den Farben der Tasten sehen:

- Die Zahlen und die Tasten mit den sogenannten «Grundrechenarten» sind weiß.
- Die beiden Löschtasten sind blau.
- Die Tasten mit den verschiedenen mathematischen Funktionen sind schwarz.
- Oben links und rechts befinden sich verschiedene Funktionstasten und die Taste zum Anschalten des Geräts.
- Oben in der Mitte befinden sich die Navigationstasten.

Du schaltest den Rechner oben rechts mit [ON] an.
Ausgeschaltet wird er durch Drücken der Tasten [SHIFT] und [AC].

Mit Hilfe der Taste [MENU] ruft man das Funktionsmenü auf. Wichtig sind die folgenden Menüeinträge:

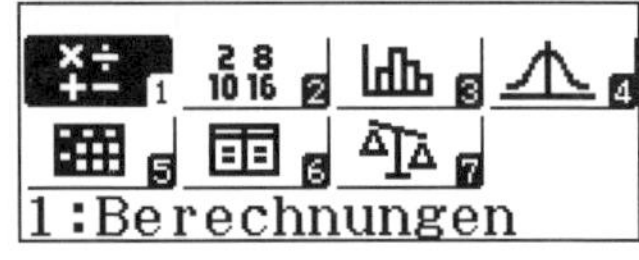

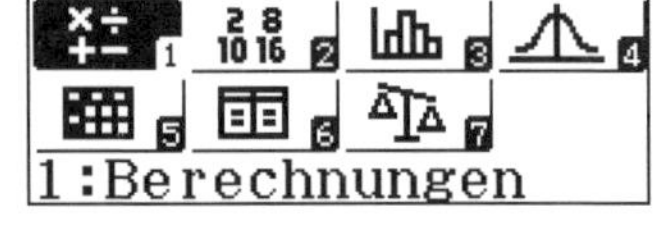

Berechnungen
«Normaler» Rechenmodus

Statistik
Dateneingabe, Regressionen

Tabellenkalkulation
Werte, Zellbezüge, Formeln

Wertetabellen
Funktionen: $f(x)$, $g(x)$

Verteilungsfunktionen
Statistische Funktionen

Zahlenvergleich
Überprüfen einer Rechnung

Matrizen-Rechnung

Vektor-Rechnung

Lösen von Gleichungen
Grad 2 bis 4

Lösen von Ungleichungen
Grad 2 bis 4

1.1 Erste Rechnungen

- Alle Berechnungen werden mit der Taste [=] gestartet.
- Auch beim Rechnen mit dem Taschenrechner gilt «Punkt- vor Strichrechnung».
- Es gibt zwei Minuszeichen: das «Rechenminus» [–] und das «Vorzeichenminus» [(–)]. Das Rechenminus wird beim Rechnen innerhalb der Rechnung benutzt; das Vorzeichenminus, wenn eine negative Zahl eingegeben wird. (Wenn man am Anfang einer Rechnung das Rechenminus [–] verwendet, wird automatisch das Ergebnis der vorangegangenen Rechnung zum Weiterrechnen eingefügt.)
- Um die gelb bzw. rot geschriebenen Zeichen oder Befehle aufzurufen, musst du vorher die [SHIFT]- bzw. die [ALPHA]-Taste drücken.

Eine Bemerkung: Zahlen, die in den Taschenrechner eingegeben werden, sind in diesem Heft ohne eckige Klammern geschrieben, damit es nicht zu unübersichtlich wird.

Beispiele

Rechnung	Eingabe	Anzeige
$37+14$	37 [+] 14 [=]	37+14 51
$15-29$	15 [–] 29 [=]	15–29 -14
$-5\cdot 12$	[(–)] 5 [×] 12 [=]	-5×12 -60
$37\cdot(-6)$	37 [×] [(–)] 6 [=]	37×-6 -222

Aufgaben

Berechne:

a) $7+25=$ b) $23-21=$ c) $12+3-24=$

d) $-5+(-8)=$ e) $-7\cdot 11=$ f) $3\cdot(-17)=$

1.2 Bearbeiten und Löschen der Eingaben

Der Taschenrechner besitzt zwei blaue Löschtasten: die [DEL]-Taste und die [AC]-Taste.

- Mit der [DEL]-Taste löschst du ein Zeichen bei der Eingabe, z.B. wenn du dich vertippt hast. Dabei löscht diese Taste immer das links vom blinkenden Cursor stehende Zeichen.
- Mit der [AC]-Taste löschst du den Bildschirm, z.B. wenn du eine neue Rechnung eingeben willst.

Innerhalb der Eingabe kannst du den Cursor mit den Pfeiltasten [◄] und [►] bewegen. Wenn du die Rechnung schon ausgeführt hast, kannst du mit [◄] oder [►] wieder in die (obere) Eingabezeile zurückkehren.

Mit der Taste [▲] wechselst du in die letzte Berechnung zurück. Auf diese Art können die letzten 12 Rechnungen aufgerufen werden. Ob du in eine Berechnung zurückwechseln kannst, siehst du an einem angezeigten kleinen Dreieck oben im Display. Wenn du die [ON]-Taste zum Löschen verwendest, werden auch diese Einträge gelöscht.

Beispiel

Es soll $11 \cdot 434$ berechnet werden. Nach der Rechnung merkst du, dass du dich vertippt hast, so wie z.B. im Bildschirmfoto rechts.

11×435 ▲
4785

Mit [◄] wechselst du wieder zur Eingabe. Der Cursor blinkt nun ganz rechts neben der 435, so dass du mit [DEL] die 5 löschen kannst.

11×435 ▲

Du korrigierst die Eingabe und führst die Rechnung nochmal aus. Nun stimmt das Ergebnis.

11×434 ▲
4774

1.3 Der Rechnungsablaufspeicher

Der Taschenrechner besitzt einen Speicher, in dem die letzten durchgeführten Rechnungen gespeichert werden. Um diese aufzurufen, benutzt du die Taste [▲].

Beispiel

Du berechnest $800 \cdot 33$ und schließt die Rechnung mit [=] ab.

800×33 ▲
26400

Anschließend führst du eine neue Berechnung aus, z.B. $151 + 391$ und schließt auch diese Rechnung mit [=] ab.

151+391 ▲
542

Mit [▲] gelangst du wieder zur ersten Berechnung zurück. Du erkennst dies daran, dass oben im Display das Zeichen ▼ eingeblendet wird. Mit [◀] kannst du die Eingabe nun bearbeiten.

800×33 ▼▲
26400

- Ob sich noch Rechnungen vor oder nach der aktuell angezeigten Rechnung im Speicher befinden, erkennst du an den Zeichen ▲ und ▼.
- Immer wenn oben im Bildschirm das Zeichen ▲ eingeblendet wird, befinden sich Inhalte im Rechnungsablaufspeicher.
- Der Inhalt des Rechnungsablaufspeichers wird gelöscht, wenn du den Rechnungsmodus wechselst oder die [ON]-Taste drückst.

1.4 Mehrere Rechenschritte hintereinander – Ans

Oft will man mit dem Ergebnis einer Rechnung sofort weiterrechnen. Dafür gibt es eine spezielle Taste, die diesen «Antwortspeicher» direkt einfügt. Dies ist die Taste [Ans].

Beispiel

Es soll zuerst $12 \cdot 23$ berechnet werden. Das Ergebnis soll notiert und anschließend 29 abgezogen werden.

Du gibst zuerst $12 \cdot 23$ ein und erhältst als Ergebnis 276.

Nun drückst du [Ans] und anschließend [−] 29 und erhältst 247.

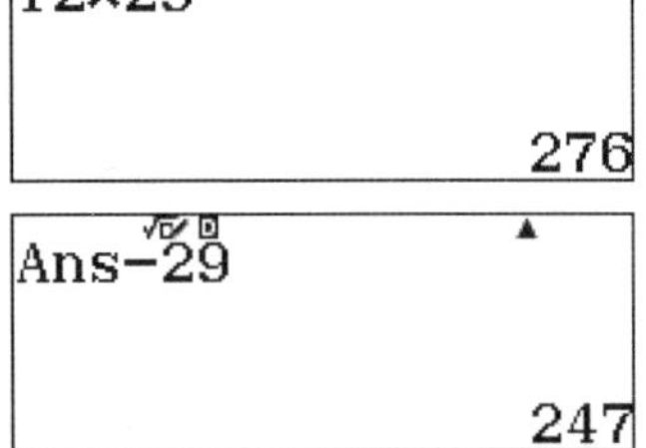

- Das Gerät fügt Ans automatisch ein, wenn man nach der Anzeige des Ergebnisses die Taste einer Rechenoperation (z.B. [+] oder [−]) drückt. Es gibt aber auch Rechnungen wie Wurzelziehen, bei denen die [Ans]-Taste hilfreich ist.

Übungen

a) Berechne $134 \cdot 12$. Gib das Ergebnis an und teile das Ergebnis durch 8. Gib das Endergebnis an.

b) Berechne $122 \cdot 12 + 16$. Gib das Ergebnis an und teile zum Schluss durch 4. Gib das Endergebnis an.

c) Die Zahl 14 soll mit 7 multipliziert werden, anschließend werden 34 abgezogen und zum Schluss durch 16 geteilt. Gib alle Zwischenergebnisse und das Endergebnis an.

2 Weitere Rechnungen

Für einige der folgenden Rechnungen werden die orangenen Beschriftungen über den Tasten benötigt. Diese gibst du ein, indem du vorher die runde [SHIFT]-Taste ganz links oben am Gerät drückst. Um dies in diesem Heft auszudrücken, setzen wir ein kleines hochgestelltes «S» vor die Taste. $^{S}\left[\sqrt[3]{\square}\right]$ bedeutet also, erst die [SHIFT]-Taste und dann die Taste $\left[\sqrt{\square}\right]$ zu drücken.

2.1 Rechnen mit Klammern

Auch beim Taschenrechner muss man auf die Regeln der «Punkt- vor Strichrechnung» achten, so wie du das auch bei einer Rechnung auf dem Papier machst. Wenn du mit Klammern arbeitest, kannst du diese beim Rechnen genauso eingeben.

Beispiel

Die Eingabe von $2 + 3 \cdot 10$ gibt als Ergebnis 32.

2+3×10

32

Willst du $(2 + 3) \cdot 10$ berechnen, so gibst du das mit Klammern ein.

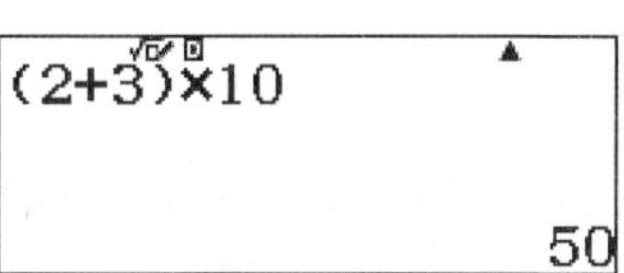

2.2 Rechnen mit Brüchen

Der Taschenrechner kann Brüche in «natürlicher Schreibweise» darstellen, also mit einem Bruchstrich.

Wenn du mit Brüchen rechnest, benutzt du die Taste $\left[\frac{\blacksquare}{\square}\right]$, um einen Bruch einzugeben und die Taste $^{S}\left[\blacksquare\frac{\square}{\square}\right]$, um eine gemischte Zahl einzugeben.

Beispiel

Es soll $\frac{2}{3} + \frac{1}{4}$ berechnet werden.

Um den Bruch einzugeben, tippst du zuerst [2], dann $\left[\frac{\blacksquare}{\square}\right]$ und zum Schluss [3].

$\frac{2}{3}$

Um weiterzurechnen musst du zuerst den Bruch mit [▶] verlassen. Anschließend gibst du den zweiten Bruch genauso ein.

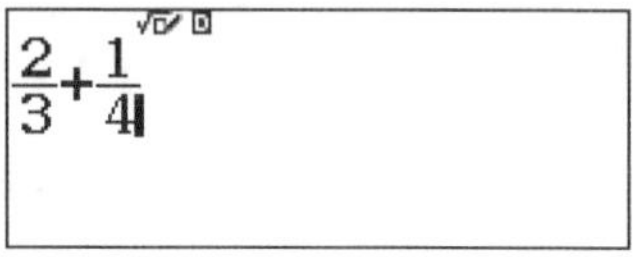

Du schließt die Eingabe mit [=] ab, nun wird das Ergebnis angezeigt.

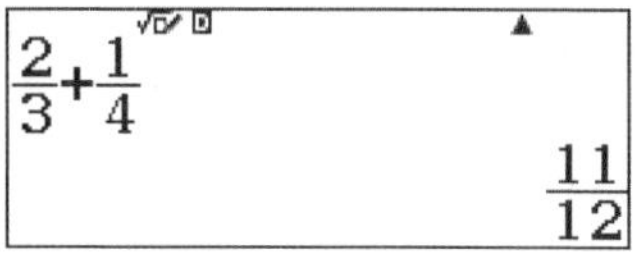

- Zwischen Zähler und Nenner kannst du mit den Pfeiltasten hin und her wechseln.
- Brüche werden automatisch gekürzt: Wenn du $\frac{3}{6}$ eingibst, wird der Bruch zu $\frac{1}{2}$ gekürzt. 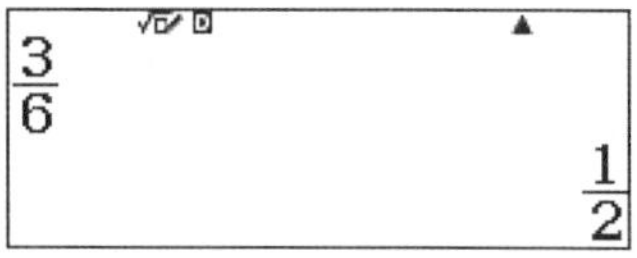
- Um zwischen einer gemischten Zahl und einem unechten Bruch zu wechseln, benutzt du die Taste ^{S} [$a\frac{b}{c} \Leftrightarrow \frac{d}{c}$]. 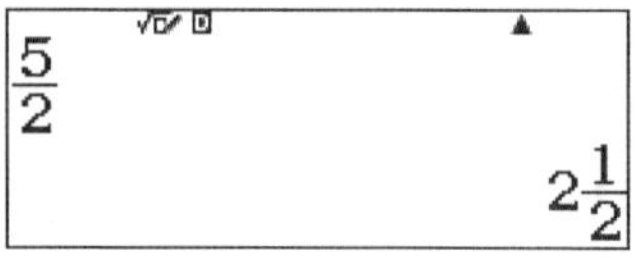
- Um zwischen einem Bruch und einer Dezimalzahl zu wechseln, benutzt du die Taste [S ⇔ D]. 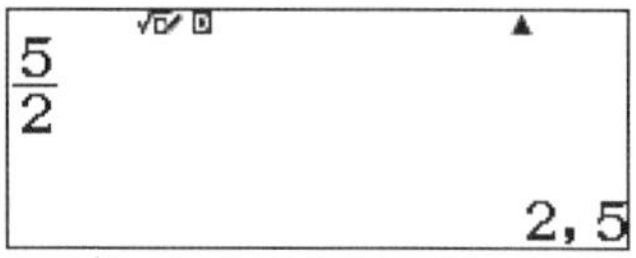
- Periodische Dezimalzahlen werden als periodische Dezimalzahlen angezeigt.

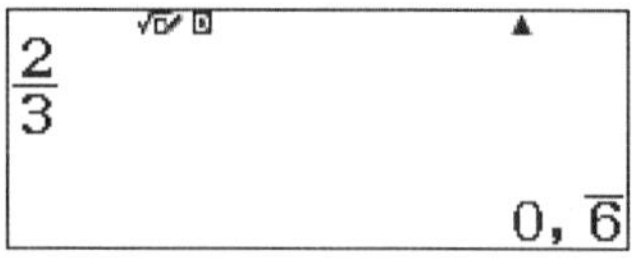

  Drückst du [S ⇔ D] ein weiteres Mal, wird die Zahl als Dezimalzahl angezeigt: In diesem Fall auf 10 Stellen gerundet. (Siehe auch Seite 83) 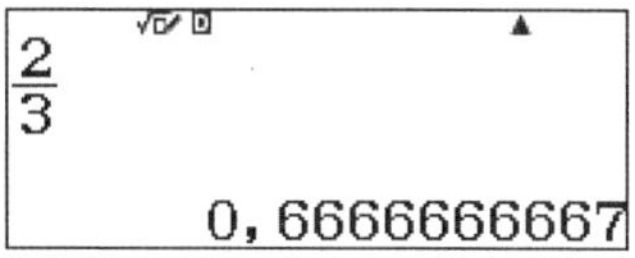
- Wenn du das Ergebnis direkt als Dezimalzahl erhalten willst, nutzt du nicht [=] sondern ^{S} [≈], du tippst also erst die Taste [SHIFT] und dann [=].
- Um die Ausgabe permanent auf Dezimalzahlen umzustellen, wählst du ^{S} [SETUP] und dann unter Eingabe / Ausgabe den Punkt Math → Dezim.

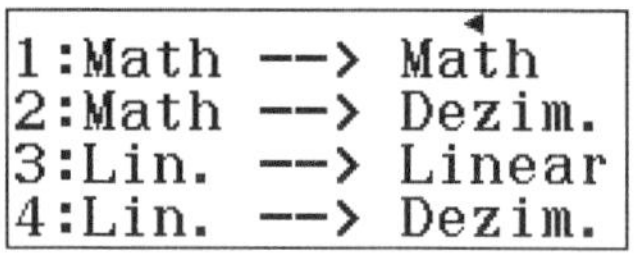

Übungen

a) Berechne:

I) $\frac{1}{4} + \frac{1}{6} =$ II) $\frac{7}{3} - \frac{8}{4} =$ III) $\frac{1}{4} \cdot \frac{1}{6} =$

b) Berechne und gib das Ergebnis zusätzlich als gemischte Zahl an:

I) $\frac{3}{4}+\frac{5}{6}=$ II) $\frac{2}{7}-1\frac{3}{4}=$ III) $3\frac{1}{6}\cdot\frac{3}{4}$

c) Berechne und gib das Ergebnis als Bruch und als Dezimalzahl an:

I) $\frac{1}{5}+\frac{1}{4}=$ II) $\frac{1}{2}+\frac{1}{3}=$ III) $\frac{3}{7}:\frac{1}{3}=$

2.3 kgV und ggT

Der Taschenrechner besitzt eine Funktion um das kleinste gemeinsame Vielfache kgV und den größten gemeinsamen Teiler ggT zu berechnen. Das kleinste gemeinsame Vielfache wird mit ^{A}[LCM] «Least Common Multiple» eingefügt, der größte gemeinsame Teiler mit ^{A}[GCD] «Greatest Common Divisor». (Das hochgestellte «A» bedeutet, dass du zuerst die [ALPHA]-Taste tippen musst.)

Beispiel

Es sollen das kleinste gemeinsame Vielfache und der größte gemeinsame Teiler von 12 und 8 berechnet werden.

Um das kleinste gemeinsame Vielfache zu berechnen, benutzt du ^{A}[LCM] und gibst die beiden Zahlen ein, getrennt durch ^{S}[;]. Schließe die Eingabe ab mit [=].

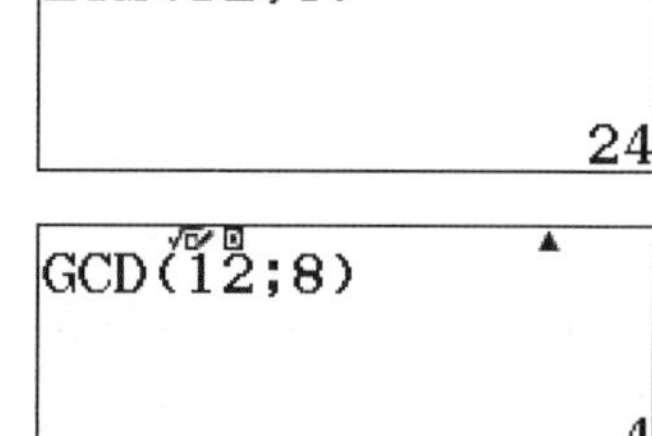

Um den größten gemeinsamen Teiler zu berechnen, benutzt du ^{A}[GCD] und gibst die beiden Zahlen ein, getrennt durch ^{S}[;]. Schließe die Eingabe ab mit [=].

Übungen

a) Berechne das kleinste gemeinsame Vielfache und den größten gemeinsamen Teiler von 9 und 12.

b) Berechne das kleinste gemeinsame Vielfache und den größten gemeinsamen Teiler von 15 und 25.

2.4 Der Variablenspeicher

Werte und Ergebnisse lassen sich als Variablen speichern, dazu wird [STO] («store») benutzt.

Beispiel

Um den Wert 1,5 als Variable A zu speichern, tippst du [STO] [A]. (Das «A» steht über der Taste [(−)].)

Achtung: Um das «A» einzugeben, darfst du in diesem Fall vorher *nicht* die [ALPHA]-Taste drücken! Gib 1,5 ein und dann [STO] [A].

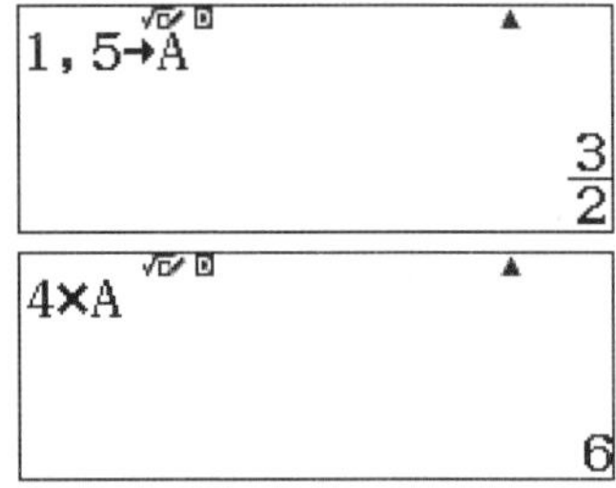

Um mit der Variablen A zu rechnen, tippst du ^{A}[A].

- Eine Liste aller aktuell zugewiesenen Variablenwerte erhältst du mit [^{S}Recall].

A=1,5 B=0
C=0 D=0
E=0 F=0
M=0 x=0
y=0

- Um die Werte der gespeicherten Variablen zu löschen, tippst du ^{S}[RESET] und wählst dann mit [2] Speicher aus. Du bestätigst mit [=].

Zurücksetzen?
1:Setupdaten
2:Speicher
3:Alle initialis.

- Auch Ergebnisse können als Variablen gespeichert werden: Nach der Berechnung tippst du [STO] [B]. (Ans wird automatisch eingefügt.)
- Es können die Buchstaben A, B, C, D, E, F, X, Y und M im Variablenspeicher benutzt werden. Die Speichervariable B wird mit ^{S}[STO] [B] belegt usw.
- Variablenwerte werden immer als Brüche angezeigt, auch wenn sie als Dezimalzahlen eingegeben wurden.
- Das Multiplikationszeichen kann man, wie auch auf dem Papier gewohnt, weglassen. Man kann also 3A oder $3 \cdot A$ tippen.

Übungen

a) Speichere 3,5 als Variable A. Berechne dann $3 \cdot A - 4,5 \cdot A$. Gib das Ergebnis als Bruch und als Dezimalzahl an.

b) Speichere 2,2 als Variable A und $\frac{1}{4}$ als Variable B. Berechne dann $\frac{4A-3B}{B}$. Gib das Ergebnis als Bruch, als gemischte Zahl und als Dezimalzahl an.

2.5 Potenzieren und Wurzelziehen

- Potenziert wird mit den Tasten [x^2] um zu Quadrieren; [x^3] um «hoch drei» zu rechnen und [$x^{\blacksquare}$] für allgemeine Potenzen.
- Quadratwurzeln können mit der Taste [$\sqrt{\blacksquare}$] gezogen werden. Kubikwurzeln werden mit S[$\sqrt[3]{\blacksquare}$] gezogen. Allgemeine Wurzeln werden mit S[$\sqrt[\blacksquare]{\square}$] berechnet.
- Um eine Wurzel als Dezimalzahl anzeigen zu lassen, benutzt du die Taste [S⇔D].
- Ähnlich wie bei «Punkt- vor Strichrechnung» wird erst potenziert, bevor multipliziert wird.

3×2²
12

- Die Ergebnisse beim Wurzelziehen werden so angezeigt, dass Wurzeln – wenn möglich – teilweise gezogen werden.

√12
2√3

- Um das Ergebnis als (angenäherte) Dezimalzahl anzuzeigen, drückst du die Taste [S⇔D].

√12
3,464101615

- Wenn du aus dem Ergebnis einer vorangegangenen Rechnung die Wurzel berechnen willst, benutzt du die [Ans]-Taste.

  Rechts wurde $32 \cdot 2$ berechnet und anschließend die Wurzel gezogen. (Für weitere Eingaben musst du die Wurzel mit [▶] verlassen.)

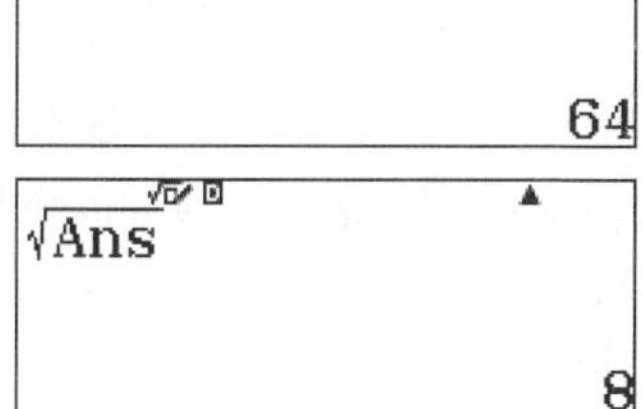

Übungen

a) Berechne:

I) $3^2 =$ II) $2^5 =$ III) $2,5^2 =$

b) Berechne:

I) $\frac{3^2}{4} =$ II) $\left(\frac{3}{4}\right)^2 =$ III) $(4 \cdot 13)^3 =$

c) Berechne die folgenden Ausdrücke, gib das Ergebnis auch als Dezimalzahl an:

I) $\sqrt{19} =$ II) $\sqrt[3]{15} =$ III) $\sqrt[4]{240} =$

d) Berechne $32,5 \cdot 17,12$. Gib das Ergebnis an und ziehe anschließend die Wurzel.

e) Berechne $\sqrt{289} + 4$. Achte darauf, dass nur die 289 unter der Wurzel steht.

2.6 Trigonometrie

- Es gibt zwei wichtige Winkelmaße: Grad (D) und Bogenmaß (R).
  Die Einstellung «Grad» wird für alle Dreiecks- und Winkelberechnungen in der Geometrie verwendet, das Bogenmaß hingegen meist für trigonometrische Funktionen. Die aktuelle Einstellung kannst du in der Statuszeile ganz oben im Display ablesen. Dabei steht «D» für die Gradeinstellung und «R» für Bogenmaß. («G» bzw. G steht für Neugrad. Dieses Winkelmaß wird vor allem in der Vermessungstechnik benutzt.)
  Die Winkelmaße werden im S [SETUP] im Menüpunkt Winkeleinheit eingestellt.

```
1:Gradmaß (D)
2:Bogenmaß (R)
3:Gon (G)
```

- Die Zahl π kannst du über S [π] eingeben (unterste Tastenreihe in der Mitte).

Beispiel

Um $\sin\left(\frac{\pi}{6}\right)$ zu berechnen, gibst du [sin] S [π] [$\frac{\blacksquare}{\square}$] [6] [▶] [)] ein. Denke daran, den Rechner auf R umzustellen.

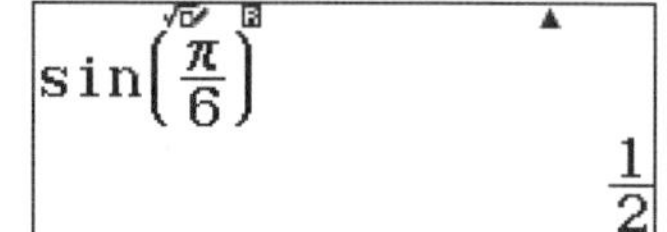

2.7 Zufallszahlen

Es ist möglich mit dem Taschenrechner Zufallszahlen zu erzeugen. Dazu werden die Funktionen S [Ran#] für Zufallszahlen bzw. A [RanInt] zum Erzeugen von ganzzahligen Zufallszahlen benutzt. Bei der Funktion A [RanInt] werden die untere und die obere Grenze der erzeugten Zufahlszahl getrennt durch S [;] eingegeben.

Beispiel

Um eine Zufallszahl zu erzeugen, tippst du S [Ran#] und bestätigst mit [=]. Es wird eine Zufallszahl zwischen 0 und 1 angezeigt.

Um eine ganzzahlige Zufallszahl zu erzeugen, tippst du A [RanInt] und gibst anschließend die untere und die obere Grenze für die Zufallszahl ein, getrennt durch S [;]. Rechts wird eine Zufallszahl zwischen 1 und 6 angezeigt.

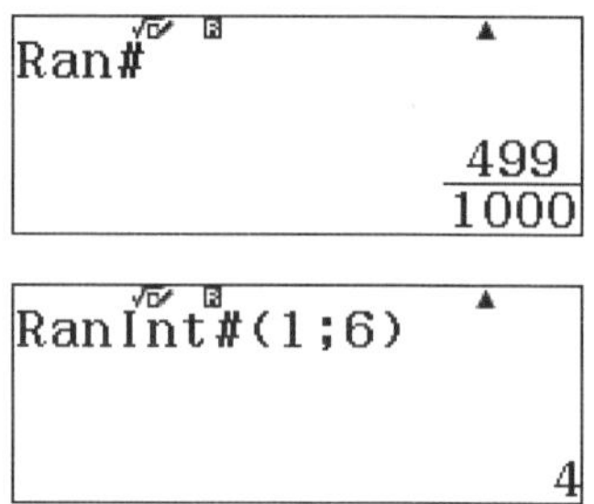

2.8 Einheiten umrechnen und Konstanten

Es ist möglich mit den Taschenrechner Werte von einer Einheit in eine andere Einheit umzurechnen. Dazu stehen viele Längen-, Flächen- und Volumeneinheiten zur Verfügung. Der Einheitenumrechner wird mit ^{S} [CONV] aufgerufen.

Beispiel

Um 3,5 cm in Zoll (Inch) umzurechnen gibst du «3,5» ein. Nun rufst du die Einheitenumrechnung mit ^{S} [CONV] auf. Du wählst Länge mit [1] aus.

```
1:Länge
2:Fläche
3:Volumen
4:Winkel
```

Nun werden die Längenumrechnungen angezeigt. Wähle cm ▶ in mit [2].

```
1:in▸cm        2:cm▸in
3:ft▸m         4:m▸ft
5:yd▸m         6:m▸yd
7:mile▸km      8:km▸mile
9:n mile▸m     A:m▸n mile
B:pc▸km        C:km▸pc
```

Um die Umrechnung zu starten, nutzt du [=].

```
3,5cm▸in
```

Nun werden die Eingabe und die Ausgabe angezeigt. 3,5 cm entprechen also ca. 1,378 Zoll.

```
3,5cm▸in
                1,377952756
```

- Es stehen Umrechnungen in den Bereichen Länge, Fläche, Volumen, Winkel, Masse, Zeit, Geschwindigkeit, Beschleunigung, Drehmoment, Kraft, Druck, Energie, Leistung, Wärmedurchfluss, Temperatur, spezifische Wärme, Viskosität, kinematische Viskosität, Magnetismus, Lichtstärke und Radioaktivität zur Verfügung.
- An dem Scrollbalken, der am rechten Bildschirmrand angezeigt wird, kannst du sehen, ob es weitere Menüeinträge gibt. Nutze [▼] und [▲], um zwischen den Bildschirmansichten zu wechseln.

Mit ^{S} [CONST] kannst du die im Gerät gespeicherten naturwissenschaftlichen Konstanten aufrufen, dabei stehen insgesamt 47 Konstanten zur Verfügung.

```
1:Univers. Konst.
2:E-magn. Konst.
3:Atom./Nuk.Konst
4:Phys/Chem.Konst
```

Übungen

a) Gib an, wie viele Kilometer 65 Meilen sind.

b) Gib an, welche Temperatur in Fahrenheit 21° Celsius entspricht.

2.9 Die Exponentialschreibweise

Große Zahlen (mehr als 10 Stellen) werden automatisch in der Exponentialschreibweise dargestellt. In der Exponentialschreibweise ist z.B. $1253 = 1{,}253 \cdot 1000 = 1{,}253 \cdot 10^3$. Auf diese Weise kann man sehr große und sehr kleine Zahlen ausdrücken.
Bei Zahlen, die kleiner als 1 sind, ist der Exponent negativ, da $10^{-2} = \frac{1}{10^2} = \frac{1}{100}$ ist.

- Um eine Zahl in der Exponentialschreibweise einzugeben, verwendest du die Taste [x10ˣ].
- Wenn das Gerät kleine Zahlen nicht in der Exponentialschreibweise anzeigen soll, sondern als «Kommazahl», änderst du die Darstellungsart wie auf Seite 85 beschrieben.

Beispiel

Es soll 1 : 800 berechnet und das Ergebnis als Dezimalzahl dargestellt werden.

Zuerst gibst du 1 : 800 ein. Das Ergebnis wird als Bruch angezeigt.

Nun drückst du [S⇔D] um den Bruch in eine Dezimalzahl umzuwandeln.

Um das Komma in der Exponentialdarstellung nach links zu verschieben, tippst du zweimal ${}^{S}[\leftarrow]$. Es ist $10^0 = 1$, also ist das Ergebnis 0,00125.

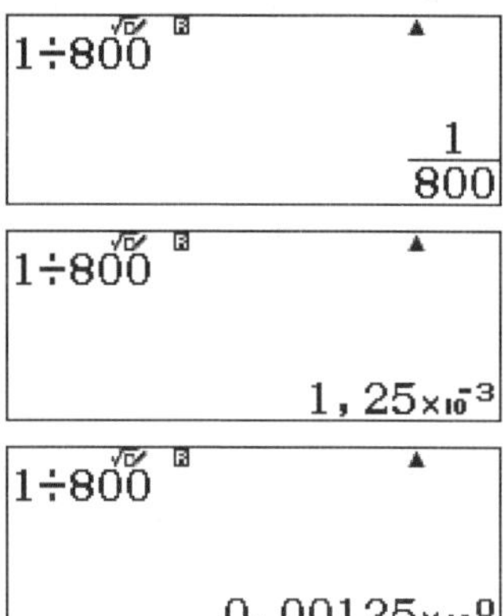

Übungen

a) Gib die folgenden Zahlen in der Exponentialschreibweise und als Dezimalzahl an:

I) $\frac{1}{400}$ II) $\frac{1}{128}$ III) $\frac{2}{12\,300}$

b) Gib die folgenden Zahlen als Dezimalzahl an:

I) $1{,}23 \cdot 10^{-3}$ II) $4{,}26 \cdot 10^{-4}$ III) $2{,}1 \cdot 10^{-3}$

3 Gleichungen und Gleichungssysteme

Der Taschenrechner kann lineare Gleichungssysteme und Polynomgleichungen lösen. Dies geschieht im Gleichungslösemodus Gleichung/Funkt.

Um den Gleichungslöser aufzurufen, nutzt du [MENU] und dann zwei Mal [▼] und [►].

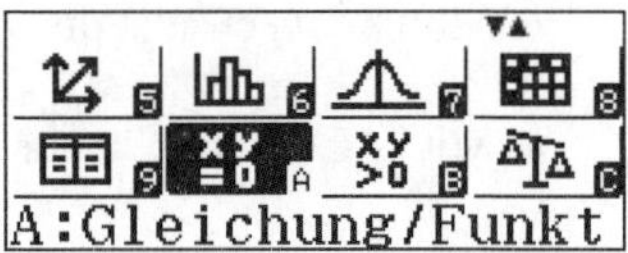

3.1 Quadratische oder kubische Gleichungen

Nach dem Aufrufen des Gleichungslösers tippst du zuerst [2], um Polynom-Gleichungen zu lösen.

Im nächsten Schritt wählst du den Grad der Gleichung: Für quadratische Gleichungen tippst du [2], für kubische Gleichungen [3].

Nun können die Koeffizienten eingegeben werden. Die Eingaben werden mit [=] abgeschlossen.

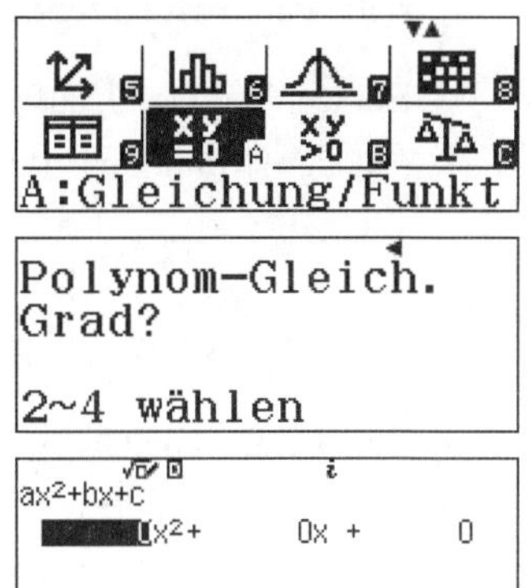

Beispiel

Gesucht sind die Lösungen der Gleichung $2x^2 + 3x + 3 = 4$.

Zuerst stellst du die Gleichung nach Null um: $2x^2 + 3x - 1 = 0$. Nun gibst du die Koeffizienten ein und bestätigst jeweils mit [=].

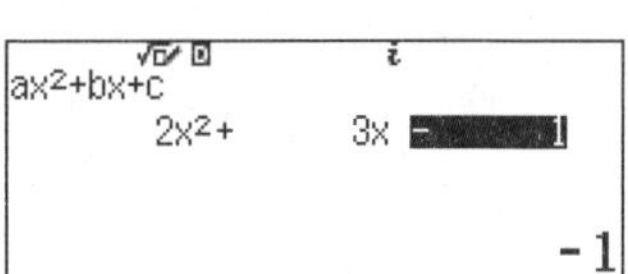

Mit [=] wird die Gleichung gelöst. Die erste Lösung wird nun angezeigt.

ax²+bx+c=0
x₁=
$\frac{-3+\sqrt{17}}{4}$

Um eine näherungsweise Lösung anzeigen zu lassen, benutzt du [S⇔D].

ax²+bx+c=0
x₁=
0,2807764064

Durch erneutes Tippen von [=] oder [▼] wird die zweite Lösung angezeigt.

ax²+bx+c=0
x₂=
$\frac{-3-\sqrt{17}}{4}$

Auch hier gibt es eine näherungsweise Lösung

```
ax²+bx+c=0
x₂=
                -1,780776406
```

- Mit [▲] wechselst du wieder zur ersten Lösung zurück.
- Mit [AC] kehrst du zur Eingabe der Koeffizienten zurück.
- Wenn du ein weiteres Mal auf [=] tippst, wird der x-Wert des (lokalen) Minimums der zugehörigen Parabel angezeigt.*

```
Min v.  y=ax²+bx+c
x=
                  -3/4
```

  Ein weiterer Druck auf [=], zeigt den y-Wert des (lokalen) Minimums der zugehörigen Parabel an.

```
Min v.  y=ax²+bx+c
y=
                 -17/8
```

- Für kubische Gleichungen gehst du analog vor.
- Besitzt die Gleichung keine rellen Lösungen, werden die komplexen Lösungen ange zeigt, die du an einem fett geschriebenen «**i**» erkennst.

```
ax²+bx+c=0
x₁=
                 -1+√2 i
```

Übungen

Löse die folgenden Gleichungen:

a) $x^2 + 2x - 3 = 0$

b) $2x^2 + 2x + 4 = 0$

c) $2x^3 - 4x^2 - x + 3 = 0$

d) $9x^3 - 9x^2 + 4x - 4 = 0$

---

*Wenn der Wert des Parameters a größer als Null ist, wird der x-Wert des Minimums angezeigt, wenn der Wert von von a kleiner als Null ist, wird der x-Wert des Maximums angezeigt.

3.2 Quadratische und kubische Ungleichungen

Quadratische und kubische Ungleichungen werden mit Ungleichungen gelöst.

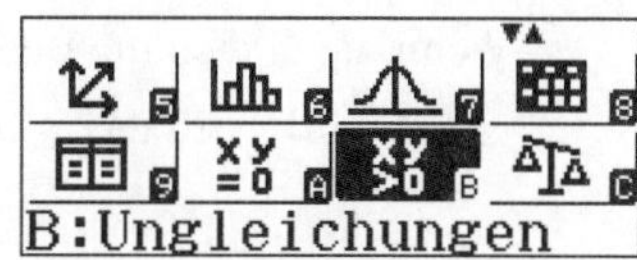

Im nächsten Schritt tippst du [2] für quadratische Ungleichungen oder [3] für kubische Ungleichungen.

Polyn.-Ungleich
Grad?
2~4 wählen

Je nach angegebener Ungleichung kannst du nun noch auswählen.

1:ax²+bx+c>0
2:ax²+bx+c<0
3:ax²+bx+c≥0
4:ax²+bx+c≤0

Nun können die Koeffizienten eingegeben werden. Die Eingaben werden mit [=] abgeschlossen.

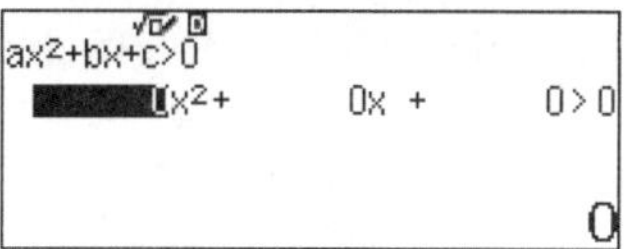

Beispiel

Gesucht sind die Lösungen der Ungleichung $x^2 - 6x + 4 > 0$.

Du wählst den Ungleichungslöser und tippst dann «2» ein, da der Grad der Ungleichung «2» ist.

Polyn.-Ungleich
Grad?
2~4 wählen

Da es sich um eine Ungleichung des Typs $\mathsf{a}x^2 + \mathsf{b}x + \mathsf{c} > 0$ handelt, tippst du [1].

1:ax²+bx+c>0
2:ax²+bx+c<0
3:ax²+bx+c≥0
4:ax²+bx+c≤0

Nun gibst du die Koeffizienten ein und bestätigst jede Eingabe mit [=].

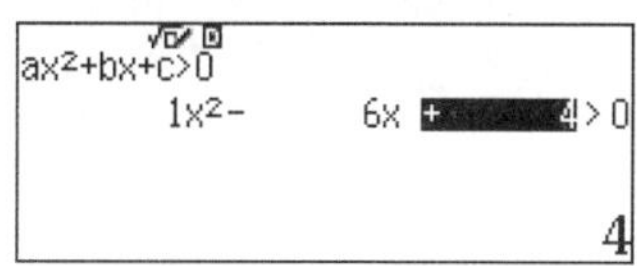

Mit [=] wird die Ungleichung gelöst. Die Lösungen werden nun angezeigt. Die Ungleichung wird gelöst für $x < 3 - \sqrt{5}$ und $x > 3 + \sqrt{5}$.

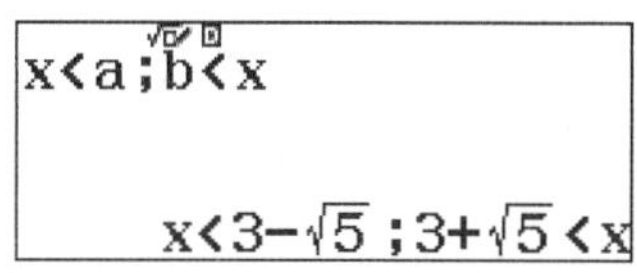

Um eine näherungsweise (dezimale) Lösung anzeigen zu lassen, benutzt du [S⇔D].

x<a;b<x
a= 0,7639320225
b= 5,236067977

- Mit [AC] oder [=] kehrst du zur Eingabe der Koeffizienten zurück.

- Wenn die Gleichung durch alle (reellen) Zahlen gelöst wird, wird das entsprechend angezeigt.

  Alle reell Zahlen

  Wenn keine Lösung existiert, wird das auch entsprechend angezeigt.

  Keine Lösung

- Für kubische Gleichungen gehst du analog vor.

Übungen

Löse die folgenden Ungleichungen

a) $x^2 - 6x - 3 \leqslant 0$

b) $x^2 - 10x + 22 > 0$

c) $x^3 - 2x^2 + 1 < 0$

d) $-x^3 + 5 > 0$

3.3 Allgemeine Gleichungen

Allgemeine Gleichungen lassen sich mit der Solve-Funktion lösen. Diese Funktion verwendet das Newtonsche Näherungsverfahren, entsprechend muss die Solve-Funktion mit Umsicht angewendet werden. Die Solve-Funktion eignet sich besonders, um Lösungen von Gleichungen zu finden, die algebraisch nicht lösbar sind, oder um «von Hand» berechnete Lösungen zu überprüfen. Der Rechner muss dazu im Berechnungs-Modus sein.

Beispiel

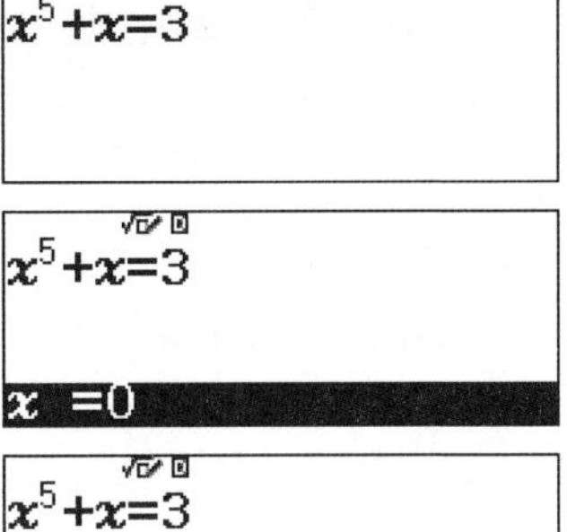

Gesucht sind die Lösungen der Gleichung $x^5 + x = 3$. Zuerst gibst du die Gleichung ein, das rote Gleichheitszeichen wird mit A [=] eingegeben. Für die Variable x verwendest du [X]. Anschließend drückst du S [Solve].

Nun kannst du einen Startwert eintragen. Bei der Nullstellenberechnung ist es sinnvoll, vorher eine *Wertetabelle* zu erstellen (siehe Seite 27). Bestätige mit [=].

Die Lösung der Gleichung, die dem Startwert am nächsten liegt, wird angezeigt. Mit [◄] kannst du wieder zurück zur Eingabezeile wechseln.

! Mit dieser Methode findest du nicht automatisch *alle* Lösungen, sondern nur die Lösung, die dem Startwert am nächsten liegt.

! Folgende Einschränkungen bestehen bei dieser Methode:
- Die Lösung der Gleichung sollte vorher möglichst gut geschätzt werden.
- Es gibt keine Anhaltspunkte, ob nur die angegebene oder noch weitere Lösungen existieren.
- Bei periodischen Funktionen und bei Funktionen mit starker Steigung in der Nullstelle kann es zu Problemen kommen.

! Das Beispiel der Gleichung $x^4 + x = 2$ mit den zwei Lösungen $x_1 = 1$ und $x_2 \approx -1,35$ zeigt, dass es wichtig ist, die Anzahl der Lösungen vorher zu kennen, da sonst eine Lösung vergessen werden kann.

- Wenn der Rechner keine Lösung findet, wird die Anzeige Continue : = eingeblendet. Drückst du nun [=], so wird die Berechnung in einem größeren Bereich fortgesetzt.
- Die letzte Zeile L − R (d.h. «Linke Seite − Rechte Seite») gibt die Güte der Lösung an. Je näher der Wert an Null ist, desto genauer ist die Lösung.

3.4 Lineare Gleichungssysteme

Lineare Gleichungssysteme (LGS) können über die integrierte Gleichungslösefunktion gelöst werden, jedoch berechnet diese Funktion nur die Lösung eindeutig lösbarer Gleichungssysteme; unlösbare Gleichungssysteme und Gleichungssysteme mit unendlich vielen Lösungen werden zwar als solche erkannt, allerdings musst du die Lösung eines Gleichungssystems mit unendlich vielen Lösungen dann «von Hand» ermitteln.

Lineare Gleichungssysteme werden mit dem Gleichungslöser Gleichung/Funkt. gelöst. Diesen rufst du im Menü auf.

Im nächsten Schritt wählst du [1], um ein Gleichungssystem zu lösen.

Nun gibst du die Anzahl der Unbekannten ein, du kannst LGS mit 2 bis 4 Unbekannten lösen.

```
Gleichungssyst.
Anzahl an
     Unbekannten?
2~4 wählen
```

Beispiel 1 – eindeutige Lösung

Gesucht ist die Lösung des folgenden linearen Gleichungssystems:

$$\begin{array}{rcrcrcr} x_1 & + & 2x_2 & - & x_3 & = & 8 \\ -x_1 & + & x_2 & + & 2x_3 & = & 0 \\ -x_1 & - & 5x_2 & - & 4x_3 & = & -12 \end{array}$$

Mit [MENU] rufst du das Menü auf und wechselst zum Gleichungslöser. Anschließend wählst du [1] und tippst dann auf [3], da es sich um ein Gleichungssystem mit drei Variablen handelt.

Du gibst die Koeffizienten ein. Die einzelnen Eingaben werden mit [=] abgeschlossen.

Durch Tippen von [=] am Ende der Eingabe wird die erste Lösungsvariable angezeigt.

Die weiteren Lösungsvariablen erhältst du mit [=] oder mit [▼]. Mit [▲] kannst du wieder zu den vorherigen Lösungen wechseln.

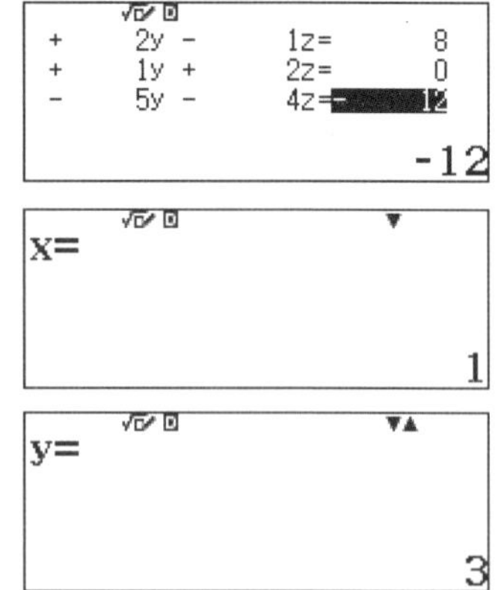

Die Lösungsmenge für das lineare Gleichungssystem ist also L = {(1; 3; −1)}.

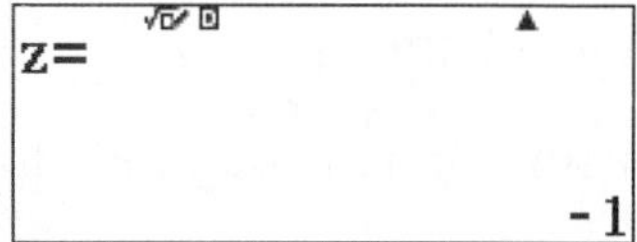

Beispiel 2 – keine Lösung

Gesucht ist die Lösung des folgenden linearen Gleichungssystems:

$$\begin{array}{rcrcrcl} x_1 & + & 2x_2 & + & x_3 & = & 4 \\ -x_1 & - & 4x_2 & + & x_3 & = & 7 \\ 2x_1 & + & 8x_2 & - & 2x_3 & = & 8 \end{array}$$

Das lineare Gleichungssystem wird wie in dem vorangehenden Beispiel eingegeben.

Die einzelnen Eingaben werden mit [=] abgeschlossen. Beim Tippen von [=] am Ende der Eingabe wird eine Meldung angezeigt.

Dieses Gleichungssystem hat daher keine Lösung.

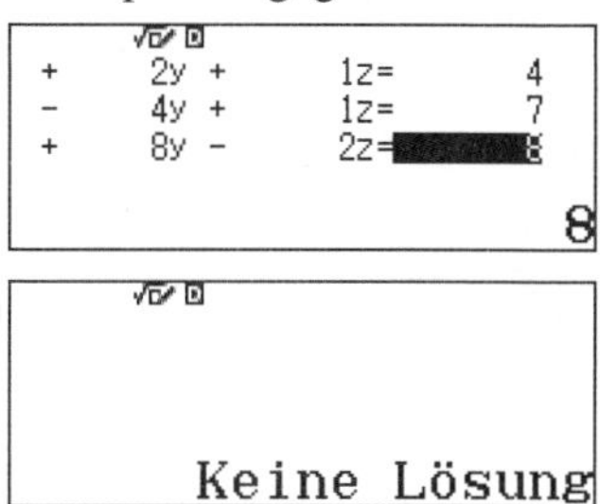

Beispiel 3 – unendlich viele Lösungen

Gesucht ist die Lösung des folgenden linearen Gleichungssystems:

$$\begin{array}{rcrcrcl} x_1 & + & 2x_2 & - & x_3 & = & 8 \\ -x_1 & + & x_2 & + & 2x_3 & = & 0 \\ x_1 & - & x_2 & - & 2x_3 & = & 0 \end{array}$$

Das lineare Gleichungssystem wird wie in dem vorangehenden Beispiel eingegeben.

Die einzelnen Eingaben werden mit [=] abgeschlossen. Nach Tippen von [=] am Ende der Eingabe wird eine Meldung angezeigt:

Dieses Gleichungssystem hat unendlich viele Lösungen. Falls die «allgemeine Lösung» gesucht ist, musst du du diese «von Hand» bestimmen.

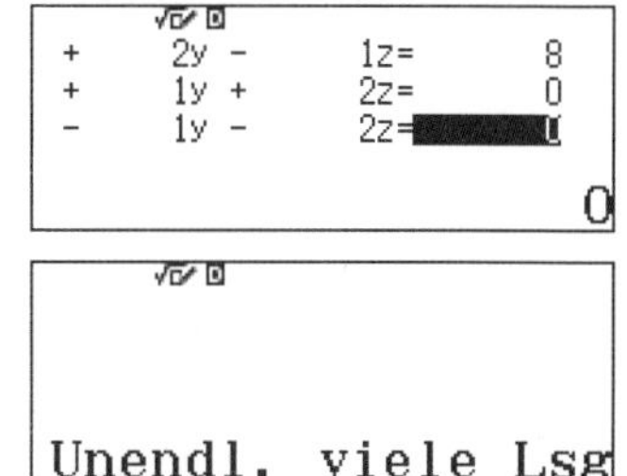

Übungen

Bestimme die Lösung der folgenden linearen Gleichungssysteme:

a)
$$\begin{aligned} 3x + 4y &= 17 \\ -2x + y &= -4 \end{aligned}$$

b)
$$\begin{aligned} 2x + 4y &= 13 \\ 3x + 6y &= -5 \end{aligned}$$

c)
$$\begin{aligned} 4x - 2y &= 7 \\ -6x + 3y &= -10{,}5 \end{aligned}$$

d)
$$\begin{aligned} x + 2y - 2z &= 7 \\ x - y - 4z &= -9 \\ x + 4y + 3z &= 25 \end{aligned}$$

4 Funktionen untersuchen

4.1 Wertetabellen

Mit dem fx-991 DE X ist es möglich, die Wertetabellen von zwei Funktionen gleichzeitig darzustellen. Um eine Wertetabelle zu erstellen, wird die Wertetabellenanwendung benutzt.

Dazu wählst du unter [MENU] den Eintrag Tabellen durch Drücken von [9].

9:Tabellen

Anschließend werden die Funktion und die gewünschten Start- und Endwerte sowie die Schrittweite der Wertetabelle eingegeben und jeweils mit [=] bestätigt.

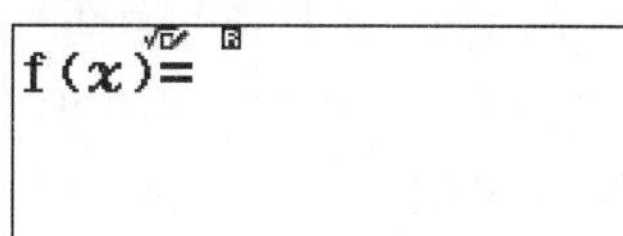

Beispiel

Gesucht ist die Wertetabelle der Funktion $f(x) = -x^3 + 4x + 2$ von -3 bis 3 und einer Schrittweite von 1.

Zuerst wechselst du mit [MENU] und [9] in die Wertetabellenanwendung und gibst die Funktion ein; x wird dabei mit [x] eingegeben. Bestätige mit [=].

f(x)=-x³+4x+2

Da du die Funktion $g(x)$ nicht benötigst, kannst du die Eingabe überspringen, indem du [=] tippst.

g(x)=

Die Anfangs- und Endwerte, sowie die Schrittweite (Inkre) können nun eingegeben werden. Bestätige jeweils mit [=].

Tabellenbereich
Start:-3
Ende :3
Inkre:1

Nun werden die x-Werte und die Funktionswerte der Funktionen dargestellt. Mit [▼] und [▲], sowie [▶] und [◀] kannst du innerhalb der Wertetabelle navigieren.

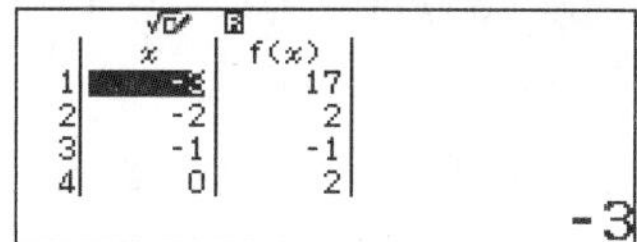

- Zusätzliche Funktionswerte berechnest du, indem du den x-Wert eingibst und mit [=] bestätigst.

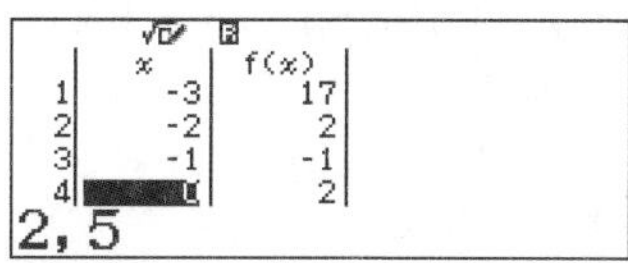

- Um zur Funktionseingabe zurückzukehren, tippst du auf [AC].

- Wenn du Berechnungen an trigonometrischen Funktionen durchführst, ist es wichtig, dass der Taschenrechner auf Bogenmaß gestellt ist, siehe Seite 86.

Übung

Gib eine Wertetabelle für die Funktion $f(x) = x^3 + 2x + 1$ von 0 bis 2 mit einer Schrittweite von $0,5$ an.

4.2 Funktionswerte berechnen mit «CALC»

Es ist möglich, einzelne Funktionswerte zu berechnen. Dazu wird (in der Rechnungsanwendung) zuerst der Funktionsterm eingegeben und anschließend die [CALC]-Taste benutzt.

Diese Funktion ist hilfreich, z.B. um die Funktionswerte in der Umgebung einer Nullstelle zu berechnen.

Beispiel

Gesucht sind die Funktionswerte der Funktion $f(x) = -x^3 + 4x + 2$ für $x = 3$ und $x = 3,1$.

Zuerst gibst du den Funktionsterm ein, x wird dabei mit $[x]$ eingegeben.

Nun drückst du einmal die [CALC]-Taste, auf dem Display erscheint nun «$x = 0$» (bzw. der Wert der Variable x).

Jetzt wird der x-Wert eingegeben und 2 mal mit [=] bestätigt. Der entsprechende Funktionswert wird angezeigt.

Tippst du ein weiteres Mal [=], wird wieder «$x =$» und der zuletzt eingegebene Wert angezeigt. Du kannst nun den nächsten x-Wert eingeben.

Wie zuvor bestätigst du zwei mal mit [=]. Der Funktionswert wird wieder rechts unten angezeigt.

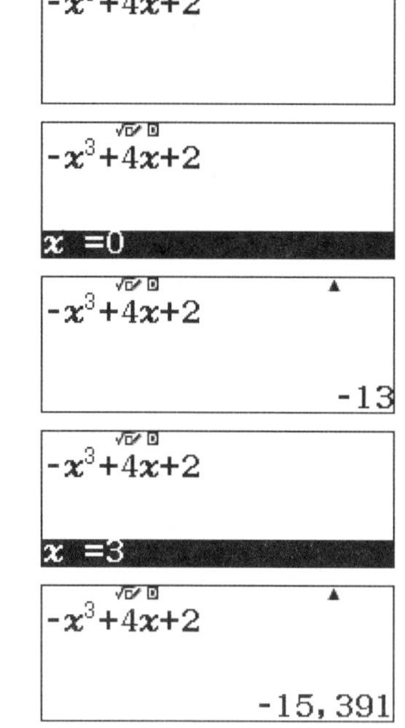

Übung

Untersuche die Funktionswerte der Funktion $f(x) = x^2 + 1,3x - 1,4$ im Bereich zwischen 0 und 1. Versuche die Nullstelle durch Ausprobieren zu bestimmen.

4.3 Ableitungswerte berechnen

Mit Hilfe des fx-991 DE X ist es möglich, die Werte der Ableitung an einer bestimmten Stelle der Funktion zu berechnen.

Um einen Ableitungswert zu berechnen, drückst du im Rechenmodus die Taste $^{\mathrm{S}}\left[\frac{\mathrm{d}}{\mathrm{dx}}\blacksquare\right]$. Anschließend werden der Funktionsterm und der Wert, für den du die Ableitung bestimmen willst, eingegeben.

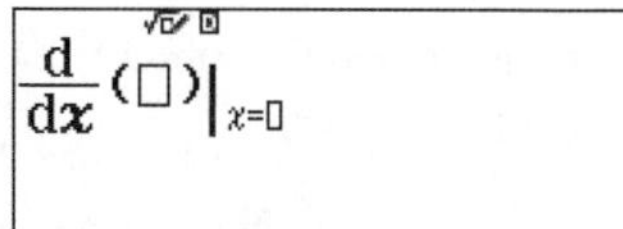

Beispiel

Gesucht ist der Wert der Ableitung der Funktion $f(x) = 0,2 \cdot x^2$ an der Stelle $x = 3,3$.

Zuerst rufst du mit $^{\mathrm{S}}\left[\frac{\mathrm{d}}{\mathrm{dx}}\blacksquare\right]$ die Ableitungsberechnung auf und gibst die Funktion und den Wert ein.

$\frac{d}{dx}(0,2x^2)|_{x=3,3}$

Mit der Taste $[=]$ wird die Berechnung gestartet. Das Ergebnis wird als Bruch angezeigt.

Um das Ergebnis dezimal anzeigen zu lassen, benutzt du $[\mathrm{S} \Leftrightarrow \mathrm{D}]$.

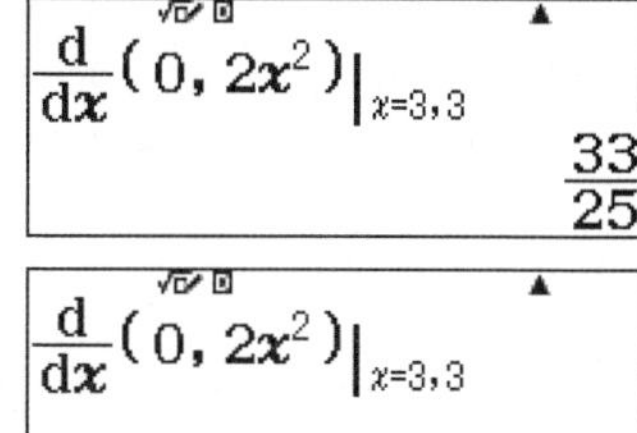

- Wenn du Berechnungen an trigonometrischen Funktionen durchführst, ist es wichtig, dass der Taschenrechner auf Rad gestellt ist, siehe Seite 86.

Übungen

Berechne die folgenden Ableitungswerte:

a) $f(x) = 2x^2 + 3x$ für $x = 3$

b) $f(x) = e^x - x$ für $x = 2$

4.4 Integralberechnung

Mit Hilfe des fx-991 DE X ist es möglich, bestimmte Integrale – das sind Integrale mit fester unterer und oberer Grenze – zu lösen. Das Gerät muss hierzu im Berchnungs-Modus sein.

Um ein Integral zu berechnen, tippst du im Rechenmodus die Taste $[\int_\square^\square \blacksquare]$. Anschließend werden der Funktionsterm, die untere und die obere Grenze eingegeben.

$\int_\square^\square \square dx$

Beispiel

Gesucht ist das Integral der Funktion $f(x) = 0,25 \cdot x^2$ im Intervall $[3;\ 5]$.

Zuerst rufst du mit $[\int_\square^\square \blacksquare]$ die Integralberechnung auf und gibst die Funktion und die Grenzen ein. Innerhalb des Integrals navigierst du mit [►] und [◄].

$\int_3^5 0,25x^2 dx$

Mit der Taste $[=]$ wird die Berechnung gestartet. Das Ergebnis wird als Bruch angezeigt.

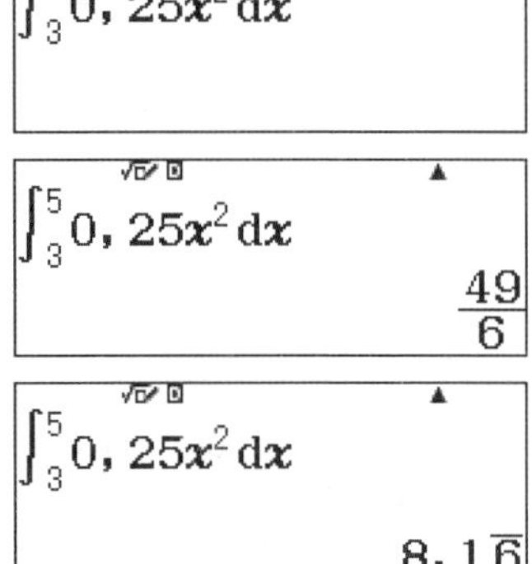

Um das Ergebnis dezimal anzeigen zu lassen, benutzt du $[S \Leftrightarrow D]$.

! Bei Flächenberechnungen ist es wichtig, die Flächen unter und über der x-Achse getrennt zu integrieren, da diese unterschiedliche Vorzeichen besitzen. Daher solltest du den Funktionsgraph und die Nullstellen kennen.

- Zum Navigieren innerhalb des Integrals benutzt du am besten nur die Tasten [►] und [◄]. Die Reihenfolge beim Benutzen von [►] ist Integrand ⇒ untere Grenze ⇒ obere Grenze.
- Wenn du Berechnungen an trigonometrischen Funktionen durchführst, ist es wichtig, dass der Taschenrechner auf Rad gestellt ist, siehe Seite 86.

Übungen

Berechne die folgenden Integrale:

a) $\int_1^5 (x^2 - x)^2 \, dx$ b) $\int_{-1}^2 (x-1) \cdot e^x \, dx$

5 Arbeiten mit Daten und Tabellen

5.1 Listen und Statistik

Im Statistik-Modus kannst du Daten in einer oder mehreren Datenreihen eingeben und statistische Kennwerte anzeigen lassen oder verschiedene Regressionen durchführen.

Der Statistik-Modus wird mit [MENU] und [6] aufgerufen.

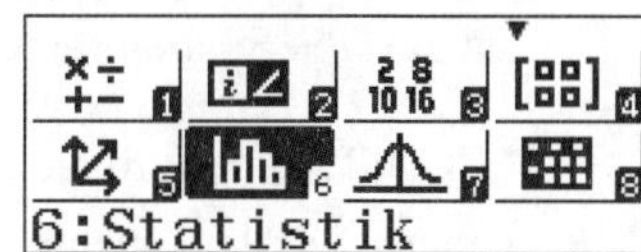

Beispiel

Gesucht sind die statistischen Kennwerte wie Mittelwert und Standardabweichung der folgenden Datenreihe: 1; 3; 4; 6; 8; 8; 8.

In der Übersicht des Statistik-Editors rufst du die Funktion 1 Variable mit [1] auf.

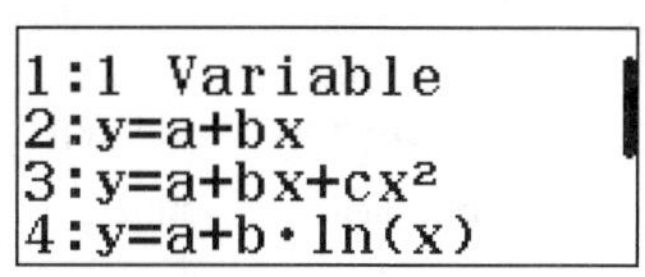

Nun kannst du die Daten in die Liste eingeben. Jede Eingabe wird dabei mit [=] bestätigt. Mit [▼] und [▲] kannst du in der Liste navigieren.

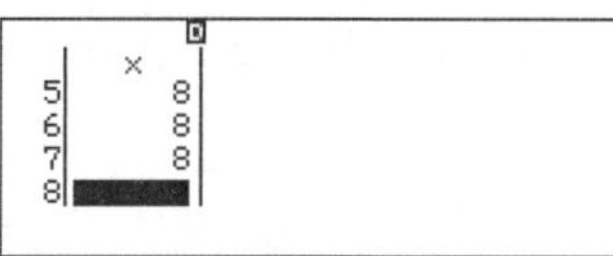

Nun tippst du [OPTN] um die Berechnungsmöglichkeiten angezeigt zu bekommen und wählst 1-Variab-Berechn mit [3].

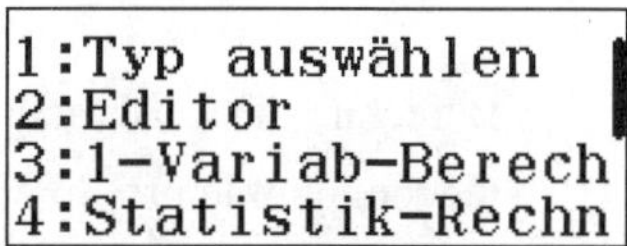

Nun werden die statistischen Kennwerte angezeigt: z.B. beträgt der Mittelwert $\bar{x} \approx 5,43$, die Summe aller Werte ist $\sum x = 38$; die Standardabweichung beträgt $\sigma x \approx 2,61$.

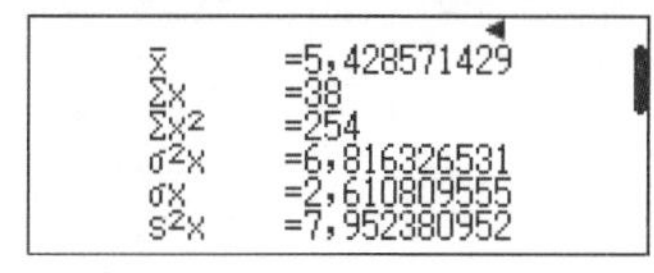

Mit [▼] kannst du zum nächsten Anzeigefenster wechseln, um weitere Daten angezeigt zu bekommen. Die Liste enthält z.B. n = 7 Elemente.

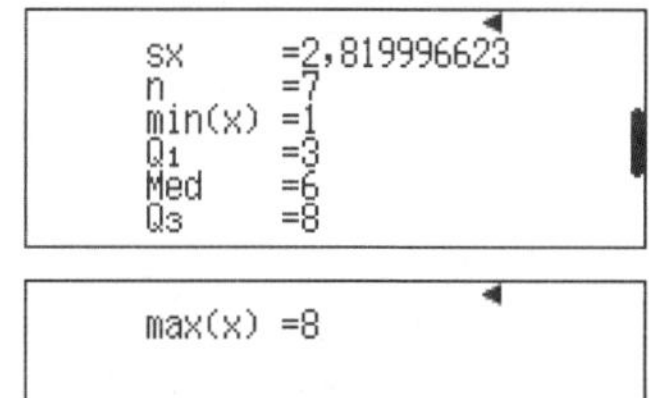

Im letzten Fenster wird der größte Datenwert angezeigt.

max(x) =8

- Es werden folgende statistischen Werte angezeigt: Mittelwert $\bar{x}$, die Summe der Elemente $\sum x$, die Summe der Quadrate $\sum x^2$, Varianz der Grundgesamtheit $\sigma^2 x$, Standardabweichung der Grundgesamtheit σx, Stichprobenvarianz s^2x, Stichprobenstandardabweichung sx, Anzahl der Elemente n, der kleinste Wert min(x), das erste Quartil (Q1), der Median (Med), das dritte Quartil (Q3) und der größte Wert max(x).

- Mit Hilfe von S [SETUP], [▼] und der Statistikeinstellung Statistik kannst du einstellen, ob zusätzlich die Spalte Freq eingeblendet wird.

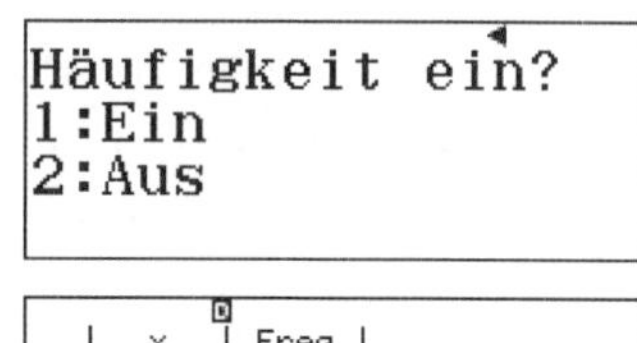

  Mit Hilfe dieser Spalte können Listenwerte gewichtet werden, rechts sind die Werte des Beispiels eingetragen.

	x	Freq
3	4	1
4	6	1
5	8	3
6		

- Die Anzeige der statistischen Daten verlässt du mit [AC].

Übungen

a) Gegeben ist die Datenreihe 2; 3; 5; 5; 17; 19; 31. Berechne den Mittelwert sowie die Standardabweichung.

b) Ein Spieler erzielt bei insgesamt 7 Spielrunden die folgenden Gewinnpunkte:

Anzahl der Spiele	4	1	2
Gewinnpunkte	7	13	14

Berechne die Gesamtanzahl der Gewinnpunkte und die durchschnittliche Anzahl der Gewinnpunkte pro Spiel, benutze dabei die Freq-Spalte.

5.2 Regressionen

Mit Hilfe der Regressionsfunktion ist es möglich, verschiedene Kurven an gegebene Werte anzupassen, so dass die (mittlere quadratische) Abweichung dieser Kurven von den angegebenen Werten möglichst gering ist. Dazu werden zuerst die Werte in eine Tabelle eingegeben. Anschließend wird die eigentliche Regressionsberechnung ausgeführt.

Wichtige Regressionsfunktionen sind:

Lineare Regression	$y = a + bx$	Anpassen einer Geradengleichung.
Quadratische Regression	$y = a + bx + cx^2$	Anpassen einer Parabelfunktion. **Wichtig:** Die Koeffizienten werden in einer anderen Reihenfolge verwendet als in der Schule üblich.
Exponentielle Regression	$y = a \cdot e^{bx}$	Anpassen einer Exponentialfunktion.

Regressionen werden im Statistikmodus durchgeführt.

Nach Eingabe der Daten kann mit [OPTN] die eigentliche Regression durchgeführt werden.

1:Typ auswählen
2:Editor
3:2-Variab-Berech
4:Regression

Beispiel 1

Es soll eine quadratische Funktion bestimmt werden, die die gegebenen Punkte (0 | 0,1), (1 | 0,8), (2,5 | 2) und (3 | 3,5) möglichst gut approximiert.

Mit [MENU] [6] wechselst du in die Statistikanwendung und wählst mit [3] die quadratische Regression aus.

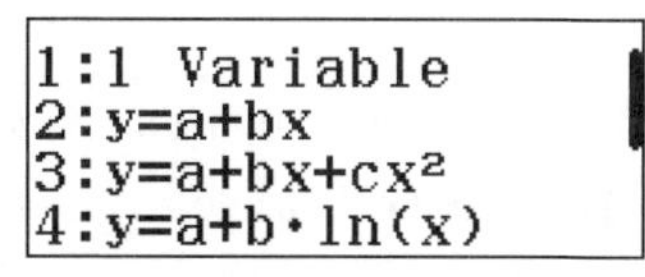

In die Tabelle gibst du die x- und y-Werte der Punkte ein.

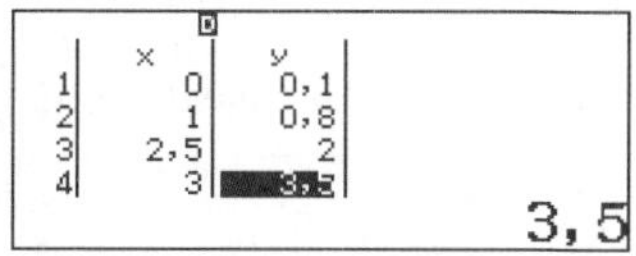

Du rufst nun mit [OPTN] unter Regression die eigentliche Regression auf.

```
1:Typ auswählen
2:Editor
3:2-Variab-Berech
4:Regression
```

Die Werte von a, b und c werden angezeigt. Nutze [AC], um die Anzeige zu verlassen.

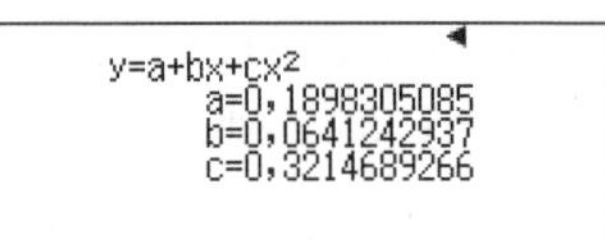

Damit lautet die gesuchte quadratische Funktion (auf 2 Stellen hinter dem Komma gerundet):

$$y = 0,32x^2 + 0,06x + 0,19$$

Beispiel 2

Es soll eine e-Funktion bestimmt werden, die die Punkte $(0 \mid 0,1)$, $(1 \mid 0,8)$, $(2,5 \mid 2)$ und $(3 \mid 3,5)$ möglichst gut approximiert, die Werte können von Beispiel 1 übernommen werden.

Du ruft das Menü auf mit [OPTN] und wählst dann Typ auswählen mit [1].

```
1:Typ auswählen
2:Editor
3:2-Variab-Berech
4:Regression
```

Zuerst wechselst du mit [▼] in das nächste Fenster.

```
1:1 Variable
2:y=a+bx
3:y=a+bx+cx²
4:y=a+b·ln(x)
```

Du wählst die exponentielle Regression mit [1] aus.

```
1:y=a·e^(bx)
2:y=a·b^x
3:y=a·x^b
4:y=a+b/x
```

Die Werte in der Tabelle können unverändert bleiben. Mit [OPTN] rufst du mit [4] unter Regression die eigentliche Regression auf.

	x	y
1	0	0,1
2	1	0,8
3	2,5	2
4	3	3,5

Die Werte der Parameter werden nun angezeigt. Nutze [AC], um die Anzeige zu verlassen.

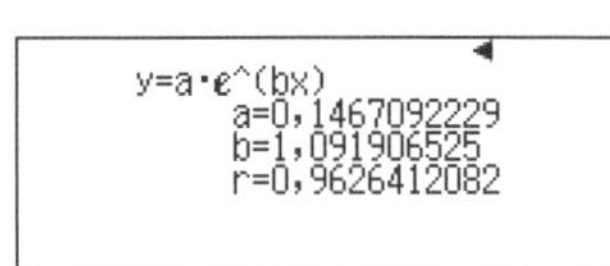

Die gesuchte Exponentialfunktion hat damit die (gerundete) Gleichung

$$f(x) = 0,15 \cdot e^{1,092x}$$

- Im Statistik-Modus werden die zur Verfügung stehenden Funktionen mit [OPTN] aufgerufen.
- Bei der Listeneingabe springt der Cursor beim Bestätigen mit [=] in die nächste Zeile. Am einfachsten ist es daher erst alle x-Werte einzugeben und dann mit [►] und [▼] zu den y-Werten zu navigieren.
- Einzelne Listenzeilen werden mit [DEL] gelöscht.
- In den Rechenmodus wechselst du mit [MENU] [1] zurück.

! Die bei der quadratischen Regression verwendete allgemeine Gleichung $\mathsf{a}+\mathsf{bx}+\mathsf{cx}^2$ besitzt andere Koeffizientenbezeichnungen als die in der Schule im Allgemeinen verwendete Funktion $f(x) = ax^2 + bx + c$.

Übungen

Die folgenden Punkte sind gegeben: $(0 \mid 1)$, $(1 \mid 2)$, $(2 \mid 3)$ und $(4 \mid 6)$.

a) Bestimme eine lineare Regressionsfunktion.

b) Bestimme eine quadratische Regressionsfunktion.

c) Bestimme eine exponentielle Regressionsfunktion.

5.3 Die Tabellenkalkulation

Die Tabellenkalkulation ermöglicht Berechnungen mit Hilfe von Tabellen. Dabei können vier Zeilen gleichzeitig dargestellt werden.

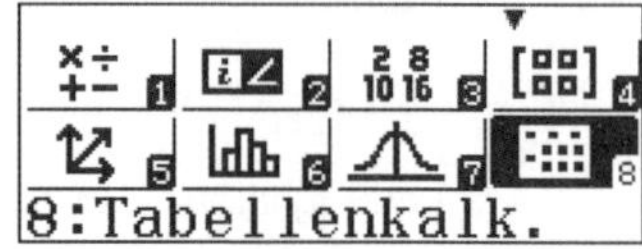

Beispiel:

Es sollen in der Spalte A Zahlenwerte eingegeben werden und diese in Spalte B mit 1,1 multipliziert werden. In C1 soll die Summe der Daten aus der zweiten Spalte berechnet werden.

Zuerst wechselst du mit [MENU] und [8] in die Tabellenkalkulation.

	A	B	C	D
1				
2				
3				
4				

In die erste Spalte können einige Werte eingegeben werden. Die Eingabe wird jeweils mit [=] abgeschlossen.

	A	B	C	D
1	2			
2	3			
3	4			
4	7			

7

Nun wechselst du in die oberste Zelle von Spalte B und tippst [OPTN].

	A	B	C	D
1	2			
2	3			
3	4			
4	7			

Du wählst Formel füllen mit [1].

```
1:Formel füllen
2:Wert füllen
3:Zelle bearbeit.
4:Freier Speicher
```

Nun gibst du ^{A}[A] [1] [×] [1][,][1] ein und bestätigst mit [=].

```
Formel füllen
Formel=A1×1,1
Zellen:B1:B1
```

Du befindest dich nun in der unteren Zeile und nutzt [▶] um die Zellen anzupassen, auf die sich die Formel bezieht. Du bestätigst mit [=].

```
Formel füllen
Formel=A1×1,1
Zellen:B1:B4
```

Nun werden in Spalte B die Berechnungsergebnisse angezeigt.

	A	B	C	D
1	2	2,2		
2	3	3,3		
3	4	4,4		
4	7	7,7		

=A1×1,1

Um die Summe zu berechnen, bewegst du den Cursor auf die Zelle C1. Nun nutzt du ^{A}[=] um eine Formel einzugeben.

	A	B	C	D
1	2	2,2		
2	3	3,3		
3	4	4,4		
4	7	7,7		

=

Tippe auf [OPTN] und dann einmal auf [▼] und wähle Summe mit [4].

```
1:Minimum
2:Maximum
3:Mittelwert
4:Summe
```

Nun gibst du ^{A}[A] [1] ^{A}[:] ^{A}[A] [4] [)] ein.

	A	B	C	D
1	2	2,2		
2	3	3,3		
3	4	4,4		
4	7	7,7		

=Sum(A1:A4)

Nach dem Bestätigen mit [=] wird die Summe in der Zelle C1 angezeigt.

	A	B	C	D
1	2	2,2	16	
2	3	3,3		
3	4	4,4		
4	7	7,7		

Wenn du Werte in der ersten Spalte änderst, wird die Summe in C1 automatisch aktualisiert.

	A	B	C	D
1	10	11	24	
2	3	3,3		
3	4	4,4		
4	7	7,7		

3

- Die Zellinhalte können kopiert oder ausgeschnitten werden. Es sind absolute und relative Zellbezüge möglich. (Mit Hilfe des $-Zeichens.)

```
1:Ausschn.& Einf.
2:Kopier & Einfüg
3:Alles löschen
4:Neu berechnen
```

- Es stehen verschiedene mathematische Berechnungsmöglichkeiten zur Verfügung.

```
1:Minimum
2:Maximum
3:Mittelwert
4:Summe
```

- Ähnlich wie bei einer Tabellenkalkulation am Computer werden die Bereiche mit einem Doppelpunkt markiert.

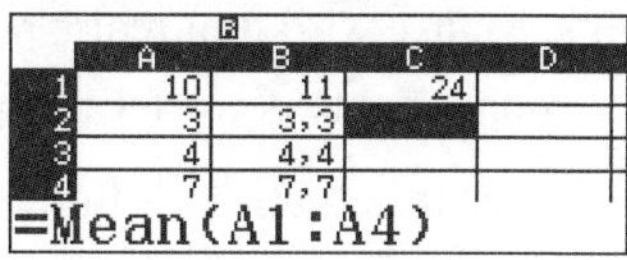

- Mit Hilfe von [OPTN] können alle Befehle und Funktionen aufgerufen werden, die zur Verfügung stehen.
- Wenn du eine Eingabe verlassen willst, tippst du auf [AC].
- Wenn du die Tabellenkalkulation verlässt oder [ON] drückst, werden alle Daten in der Tabellenkalkulation gelöscht.

Übung

Eine Summe von 50 € soll für 5 Jahre auf der Bank angelegt werden. Der Zinssatz, den die Bank bietet, beträgt 3%. Berechne das Guthaben am Ende jedes Jahres mit Hilfe einer Tabelle. Berechne dafür den Wert mit Hilfe des Zinsfaktors (siehe Seite ??).

6 Verteilungsfunktionen

6.1 Die Binomialverteilung

Der fx-991 DE X hat verschiedene Binomialverteilungsfunktionen installiert.

Die Verteilungsfunktionen werden im Menü mit [MENU] [7] unter Verteilungsfkt. aufgerufen.

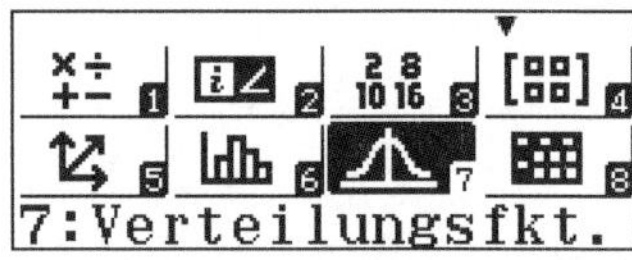

Die verschiedenen Verteilungsfunktionen werden angezeigt. Der Scrollbalken rechts zeigt, dass du mit Hilfe von [▼] weitere Menüpunkte aufrufen kannst.

```
1:Normal-Dichte
2:Kumul. Normal-V
3:Inv. Normal-V.
4:Binomial-Dichte
```

Die verschiedenen Verteilungsfunktionen sind:

- Die Binomialverteilung $P(X = k) = \binom{n}{k} \cdot p^k \cdot (1-p)^{n-k}$ wird erzeugt mit Binomial – Dichte.
- Die kumulierte Binomialverteilung $P(X \leqslant k) = F_{n;\,p}(k)$ wird erzeugt mit Kumul. Binom. – V.*

Dabei ist k die Anzahl der Treffer, n die Anzahl der Versuche, p die Wahrscheinlichkeit für einen Treffer.

Beispiel 1

Eine Münze wird fünf mal geworfen. Wie hoch ist die Wahrscheinlichkeit, dass dabei *genau* zweimal «Zahl» geworfen wird?

Es handelt sich um eine Bernoullikette mit Länge $n = 5$, die Wahrscheinlichkeit für «Zahl» ist $p = \frac{1}{2}$. X beschreibe die Anzahl der Würfe, bei denen «Zahl» auftritt. Also gilt für die Wahrscheinlichkeit, *genau* zweimal «Zahl» zu werfen: $P(X = 2) = \binom{5}{2} \cdot \left(\frac{1}{2}\right)^2 \cdot \left(1 - \frac{1}{2}\right)^{5-2}$.

Dies wird mit der Funktion Binomial – Dichte bestimmt.

Zuerst wählst du im Menü die Binomialverteilung Binomial – Dichte mit [4] aus.

```
1:Normal-Dichte
2:Kumul. Normal-V
3:Inv. Normal-V.
4:Binomial-Dichte
```

Nun wählst du Variable mit [2] aus (Mit [1] würde die Funktion auf Listeneinträge zurückgreifen).

```
1:Liste
2:Variable
```

*Die kumulierte Binomialverteilung wird oft auch mit $F_{n;\,p}(k)$ bezeichnet.

Im folgenden Fenster gibst du die Werte für k, n und p ein und bestätigst jeweils mit [=] und zum Schluß erneut, um die Berechnung zu starten.

Binomial-Dichte
k :2
n :5
p :0,5

Nun wird der Wert für die gesuchte Wahrscheinlichkeit angezeigt. Die gesuchte Wahrscheinlichkeit beträgt also $p = 0,3125$.

P=
0,3125

Beispiel 2

Eine Münze wird fünf mal geworfen. Wie hoch ist die Wahrscheinlichkeit, dass dabei *höchstens* zwei mal «Zahl» geworfen wird?

Es handelt sich um eine Bernoullikette mit Länge $n = 5$, die Wahrscheinlichkeit für «Zahl» ist $p = \frac{1}{2}$. X beschreibe die Anzahl der Würfe, bei denen «Zahl» auftritt. Also gilt für die Wahrscheinlichkeit dafür, *höchstens* zweimal «Zahl» zu werfen $P(X \leqslant 2) = F_{5;\frac{1}{2}}(2)$.

Dies wird mit der Funktion Kumul. Binom. – V bestimmt.

Zuerst wählst du im Menü die kumulierte Binomialverteilung Kumul. Binom. – V mit [1] aus. (Vorher mit [▼] nach unten wechseln.)

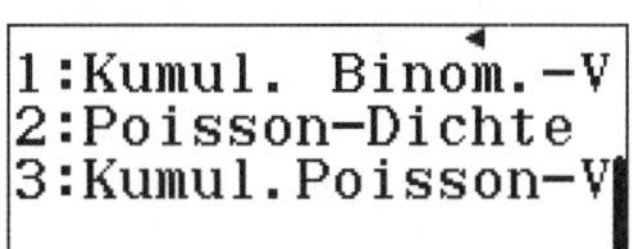

Nun wählst du Variable mit [2] aus.

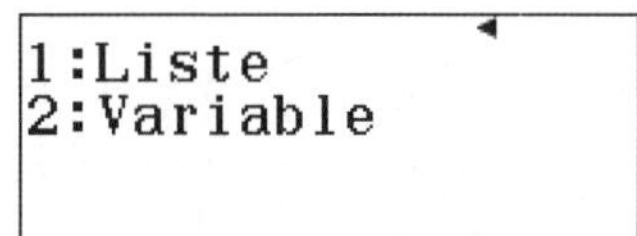

Im folgenden Fenster gibst du die Werte für k, n und p ein, und bestätigst jeweils mit [=] und zum Schluß erneut, um die Berechnung zu starten.

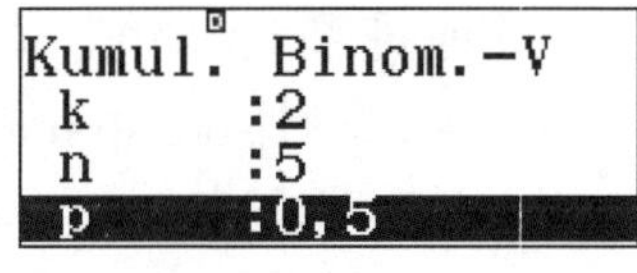

Nach dem Bestätigen mit [=] wird der Wert für die gesuchte Wahrscheinlichkeit angezeigt. Die gesuchte Wahrscheinlichkeit beträgt also $p = 0,5$.

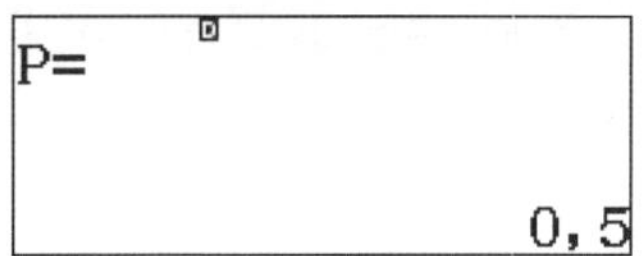

- Den Binomialkoeffizienten kannst du mit ^{S}[nCr] aufrufen. Dabei muss die «obere» Zahl vor dem C stehen, die «untere» dahinter.
  Im Beispiel rechts wurde $\binom{5}{2} = 10$ berechnet.

5C2
10

Übungen

a) Ein Würfel wird 7-mal geworfen. Wie hoch ist die Wahrscheinlichkeit, dass dabei genau 4-mal eine gerade Zahl geworfen wird?

b) Ein Würfel wird 7-mal geworfen. Wie hoch ist die Wahrscheinlichkeit, dass dabei höchstens 4-mal eine gerade Zahl geworfen wird?

6.2 Die Normalverteilung

Der fx-991 DE X hat verschiedene Normalverteilungsfunktionen installiert. Diese können direkt im Rechenfenster aufgerufen werden.

Die Verteilungsfunktionen werden im Modusmenü mit [MENU] [7] aufgerufen.

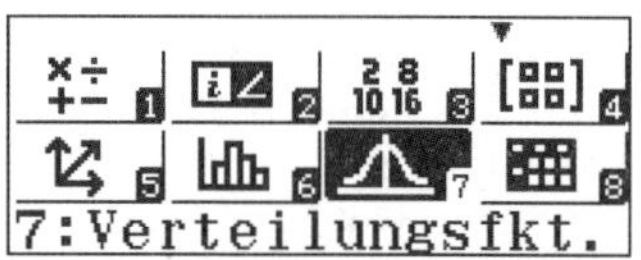

Die verschiedenen Verteilungsfunktionen werden angezeigt, die Normalverteilungen sind am Anfang aufgelistet.

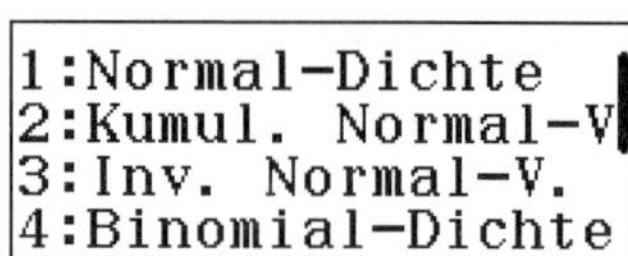

Die verschiedenen Verteilungsfunktionen sind:

- Die Normalverteilungsfunktion $P(X = z) = \varphi\left(\frac{z-\mu}{\sigma}\right)$ wird aufgerufen mit Normal – Dichte. (Diese Funktion wird bei der «konkreten» Berechnung von Wahrscheinlichkeiten nicht benötigt.)
- Die kumulierte Normalverteilung $P(X \leqslant z) = \Phi\left(\frac{z-\mu}{\sigma}\right)$ wird erzeugt mit Kumul. Normal – V.
- Die Inverse Normalverteilung Inv. Normal – V, die benutzt wird, wenn nicht die Wahrscheinlichkeit, sondern ein Intervall der Zufallsvariablen gesucht ist.

Dabei ist Voraussetzung, dass die Zufallsvariable X normalverteilt ist mit dem Erwartungswert $E[X] = \mu$ und der Standardabweichung $\sigma(X) > 0$.

Beispiel

Eine Maschine produziert Unterlegscheiben. Der Erwartungswert beträgt dabei $\mu = 25$ mm, die Standardabweichung ist $\sigma = 1$ mm. Gesucht sind die folgenden Wahrscheinlichkeiten:

a) Wie hoch ist die Wahrscheinlichkeit für einen Durchmesser zwischen 24 mm und 26 mm.

b) Wie hoch ist die Wahrscheinlichkeit für einen Durchmesser kleiner als 23 mm.

c) Wie groß ist der Wert des größten Durchmessers, wenn man die kleinsten 95 % aller produzierten Scheiben betrachtet?

X sei Zufallsvariable für den Durchmesser. Die gesuchten Werte werden mithilfe der Funktion für die kumulierte Normalverteilung Φ bzw. der Inversen Normalverteilung bestimmt.

Zuerst rufst du die Verteilungsfunktionen im Modusmenü mit [MENU] [7] auf.

```
7:Verteilungsfkt.
```

a) Du wählst im Menü die kumulierte Normalverteilung Kumul. Normal – V. mit [2] aus.

```
1:Normal-Dichte
2:Kumul. Normal-V
3:Inv. Normal-V.
4:Binomial-Dichte
```

Im folgenden Fenster gibst du die Werte für die untere (24) und die obere (26) Grenze von X ein und bestätigst jeweils mit [=].

```
Kumul. Normal-V
Untere:24
Obere :26
σ     :1
```

Nun werden die Werte für σ und μ eingegeben: Du bestätigst auch hier mit [=]. Du bestätigst erneut mit [=].

```
Kumul. Normal-V
Obere :26
σ     :1
μ     :25
```

Der Wert für die gesuchte Wahrscheinlichkeit wird angezeigt. Die gesuchte Wahrscheinlichkeit beträgt also $p \approx 0,68$.

```
P=
           0,6826894921
```

b) Du wählst im Menü die kumulierte Normalverteilung Kumul. Normal – V. mit [2] aus.

```
1:Normal-Dichte
2:Kumul. Normal-V
3:Inv. Normal-V.
4:Binomial-Dichte
```

Im folgenden Fenster gibst du die Werte für die untere* und die obere Grenze von X ein und bestätigst jeweils mit [=].

```
Kumul. Normal-V
Untere:-100
Obere :23
σ     :1
```

Nun werden die Werte für σ und μ eingegeben: Du bestätigst auch hier mit [=]. Du bestätigst erneut mit [=].

```
Kumul. Normal-V
Obere :23
σ     :1
μ     :25
```

Der Wert für die gesuchte Wahrscheinlichkeit wird angezeigt. Die gesuchte Wahrscheinlichkeit beträgt also $p \approx 0,02$.

```
P=
           0,022750132
```

*Strenggenommen muss man von $-\infty$ bis 23 integrieren. Es reicht in der Regel, einen beliebigen kleinen Wert einzugeben. Bei einem Erwartungswert von 25 und einer Standardabweichung von 1 kann man z.B. -100 als untere Grenze benutzen, ohne dass die Ergebnisse nennenswert abweichen würden.

c) Diese Aufgabe lässt sich mit Hilfe der Inversen Normalverteilung lösen:

Du wählst im Menü die Inverse Normalverteilung Inv. Normal – V mit [3] aus.

```
1:Normal-Dichte
2:Kumul. Normal-V
3:Inv. Normal-V.
4:Binomial-Dichte
```

Gesucht ist der Wert, für den 95 % der Fläche der Normalverteilung überdeckt sind, daher gibst du bei Fläche den Wert 0,95 ein.

```
Inv. Normal-V.
Fläche:0,95
 σ     :1
 μ     :25
```

Du bestätigst mit [=]. Der Höchstdurchmesser von 95% aller Scheiben beträgt also ca. 26,65 mm.

```
xInv=
                26,64485367
```

Übung

In einer Bäckerei lässt sich das Gewicht von Brezeln durch eine Normalverteilung mit dem Erwartungswert $\mu = 58\,\text{g}$ und der Standardabweichung $\sigma = 2\,\text{g}$ beschreiben.
Berechne folgende Wahrscheinlichkeiten:

a) Eine Brezel wiegt weniger als 55 g.   b) Eine Brezel wiegt zwischen 57 g und 59 g.

c) Welches Mindestgewicht haben die schwersten 5% der Brezeln?

7 Vektoren

Der fx-991 DE X kann auch mit Vektoren rechnen. Durch das hochauflösende Display können sie in der üblichen Vektorschreibweise dargestellt werden.

Viele Vektorberechnungen können zwar mit dem Gerät durchgeführt werden, oftmals geht es aber schneller, die Berechnungen von Hand auszuführen, z.B. wenn es sich um skalare Multiplikationen handelt.

Die Vektorberechnung wird im Modusmenü mit [MENU] [5] aufgerufen.

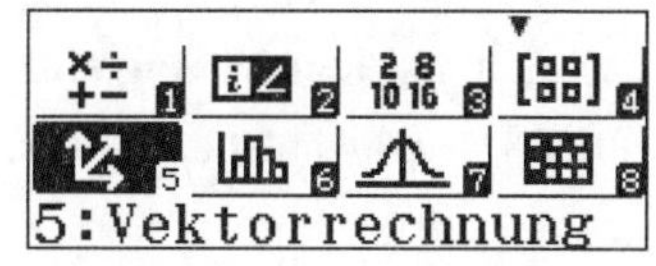

Den Vektormodus erkennst du an der Anzeige von Vektor nach dem Tippen von [AC].

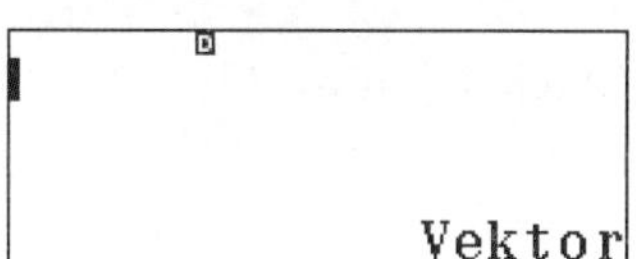

- Auch bei den Vektoren gibt es einen Antwortspeicher, in dem das letzte Ergebnis abgelegt ist, er wird mit VctAns bezeichnet.
- Wenn du zwischendurch in einen anderen Modus wechselst, also z.B. in den Gleichungslösemodus oder den Rechenmodus, werden schon eingegebene Vektoren gelöscht.
- Um einen Vektor zu definieren, zu bearbeiten oder Berechnungen durchzuführen, rufst du mit [OPTN] das Vektormenü auf.

7.1 Addition, Subtraktion, Betrag

Wenn Vektoren eingegeben sind, können diese anschließend mit [OPTN] eingefügt werden. Die Vektoren können dann z.B. addiert oder subtrahiert werden.

Beispiele

Es sind die beiden Vektoren $\vec{a} = \begin{pmatrix} 1 \\ 2 \\ -3 \end{pmatrix}$ und $\vec{b} = \begin{pmatrix} 0 \\ 1 \\ 2 \end{pmatrix}$ gegeben. Gesucht ist die Summe $\vec{a} + \vec{b}$, die Differenz $\vec{a} - \vec{b}$ sowie der Betrag von $\vec{a}$.

Du wechselst zuerst mit [MODE] [5] in den Vektormodus. Nun wählst du [1], um den Vektor $\vec{a}$ zu definieren

```
Vek. definieren
1:VctA     2:VctB
3:VctC     4:VctD
```

Da es sich um einen dreidimensionalen Vektor handelt, tippst du eine 3 ein.

```
VctA
Dimension?

2~3 wählen
```

Nun gibst du die einzelnen Einträge ein und schließt die Eingabe jeweils mit [=] ab.

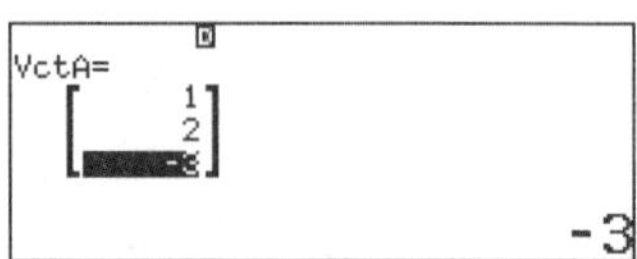

Um den zweiten Vektor einzugeben, tippst du zuerst [OPTN], und wählst dann Vek. definieren aus.

```
1:Vek. definieren
2:Vek. bearbeiten
3:Vektorrechnung
```

Durch tippen von [2] wählst du VctB aus, um $\vec{b}$ zu definieren.

```
Vek. definieren
1:VctA    2:VctB
3:VctC    4:VctD
```

Du legst mit [3] die Dimension fest und kannst anschließend die Einträge eingeben.

```
VctB
Dimension?

2~3 wählen
```

Nun ist der zweite Vektor eingegeben.

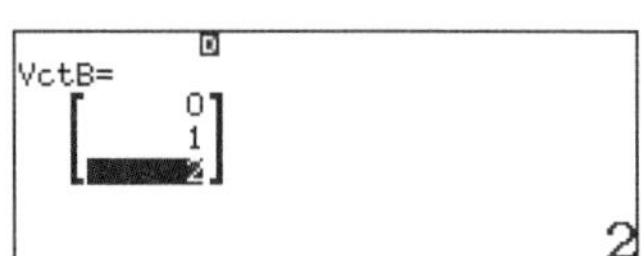

Als nächstes musst du nun [AC] drücken, um zum Vektorberechnungsbildschirm zu gelangen.

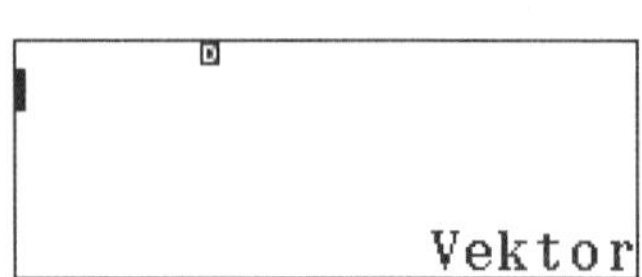

Nun kannst du den ersten Vektor mit [OPTN] und dann [3] aufrufen.

```
1:Vek. definieren
2:Vek. bearbeiten
3:VctA    4:VctB
5:VctC    6:VctD
```

Du fügst jetzt das Pluszeichen hinzu. Vektor B wird auf die gleiche Weise mit [OPTN] und dann [4] eingefügt. Schließe die Eingabe ab mit [=].

```
VctA+VctB
```

Das Ergebnis wird nun angezeigt. Es ist damit $\vec{a}+\vec{b}=\begin{pmatrix}1\\3\\-1\end{pmatrix}$. Die Differenz $\vec{a}-\vec{b}$ wird auf die gleiche Weise berechnet.

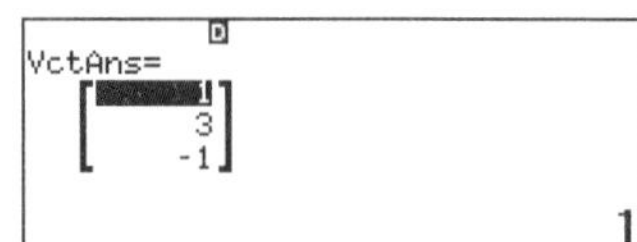

- Der Betrag eines Vektors wird berechnet, indem du zuerst ^{S}[Abs] und dann den entprechenden Vektor mit Hilfe von [OPTN] eingibst. Rechts wurde der Betrag von $\vec{a}$ berechnet.

```
Abs(VctA)
             3,741657387
```

- Der Ergebnisspeicher im Vektor-Modus wird mit VctAns bezeichnet. Er wird automatisch aufgerufen, wenn du nach der Berechnung eines Vektors eine Operationstaste drückst.

```
VctAns+
```

- Den Vektorantwortspeicher VctAns rufst du auf mit [OPTN], dann wechselst du nach unten mit [▼] und tippst auf [1].

```
1:VctAns
2:Skalarprodukt
3:Winkel
4:Einheitsvektor
```

- Um die vorherigen Eingaben aufzurufen, musst du erst das angezeigte Ergebnis mit [AC] löschen, anschließend benutzt du [◄].

Übungen

Gegeben sind: $\vec{a} = \begin{pmatrix} 1 \\ 1 \\ -3 \end{pmatrix}$ und $\vec{b} = \begin{pmatrix} 7 \\ 1 \\ 3 \end{pmatrix}$. Berechne

a) $\vec{a}+\vec{b}$ b) $\vec{a}-\vec{b}$ c) $2\vec{a}+3\vec{b}$

d) $|\vec{a}|$ e) $|\vec{a}+\vec{b}|$

7.2 Skalarprodukt, Kreuzprodukt, Winkelberechnungen

Es ist auch möglich, das Skalarprodukt und das Kreuzprodukt von zwei Vektoren zu berechnen. Dabei wird über die Taste [×] das Kreuzprodukt aufgerufen. Das Skalarprodukt wird über [OPTN] und den Befehl Skalarprodukt aufgerufen. (Vorher [▼] benutzen.)

Beispiele

Es sind die beiden Vektoren $\vec{a} = \begin{pmatrix} 1 \\ 2 \\ -3 \end{pmatrix}$ und $\vec{b} = \begin{pmatrix} 0 \\ 1 \\ 2 \end{pmatrix}$ gegeben. Diese werden wie im vorangegangenen Kapitel eingegeben.

Um das Skalarprodukt $\vec{a} \cdot \vec{b}$ zu berechnen, fügst du zuerst den Vektor $\vec{a}$ mit [OPTN] und [3] ein.

Mit [OPTN], [▼] und [2], erhältst du das Skalarprodukt. Anschließend fügst du $\vec{b}$ mit [OPTN] und [4] ein. Wenn du die Eingabe mit [=] abschließt, wird das Ergebnis direkt angezeigt. Es ist also $\vec{a} \cdot \vec{b} = -4$

```
VctA•VctB
                -4
```

Um das Kreuzprodukt zu berechnen, benutzt du die Taste [×]. Es soll das Kreuzprodukt $\vec{a} \times \vec{b}$ berechnet werden.

Du fügst zuerst den Vektor $\vec{a}$ ein, anschließend [×] und zum Schluss Vektor $\vec{b}$.

```
VctA×VctB
```

Nach der Eingabe von [=] wird das Ergebnis angezeigt.

Es ist also $\vec{a} \times \vec{b} = \begin{pmatrix} 7 \\ -2 \\ 1 \end{pmatrix}$

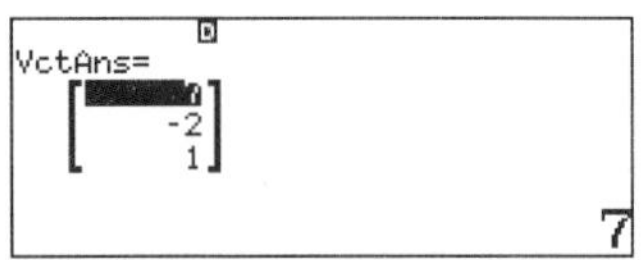

Auch der Winkel zwischen den zwei Vektoren $\vec{a}$ und $\vec{b}$ kann mit Hilfe des Befehls Winkel direkt ausgerechnet werden: Es gilt für den Winkel α zwischen den zwei Vektoren $\vec{a}$ und $\vec{b}$:

$$\cos \alpha = \frac{\vec{a} \cdot \vec{b}}{|\vec{a}| \cdot |\vec{b}|}$$

Du rufst den Winkelbefehl auf mit [OPTN], [▼] und Winkel . Nun gibst du die beiden Vektoren ein, getrennt durch S [;].

```
1:VctAns
2:Skalarprodukt
3:Winkel
4:Einheitsvektor
```

Der Winkel wird angezeigt. Es ist also $\alpha \approx 118{,}56°$.

```
Angle(VctA;VctB)
        118,5608252
```

Um einen Vektor zu normieren, benutzt du Einheitsvektor. Du rufst den Befehl mit [OPTN], [▼] und Einheitsvektor auf und fügst anschließend den gewünschten Vektor ein.

```
UnitV(VctA)
```

Der normierte Vektor $\vec{a}$ ist also $\vec{a} \approx \begin{pmatrix} 0{,}27 \\ 0{,}53 \\ -0{,}8 \end{pmatrix}$

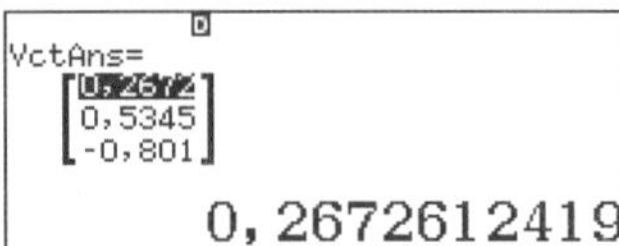

Übungen

Gegeben sind: $\vec{a} = \begin{pmatrix} 1 \\ 1 \\ -3 \end{pmatrix}$ und $\vec{b} = \begin{pmatrix} 7 \\ 1 \\ 3 \end{pmatrix}$.

a) Berechne $\vec{a} \cdot \vec{b}$.

b) Berechne $\vec{a} \times \vec{b}$.

c) Berechne den Winkel zwischen $\vec{a}$ und $\vec{b}$.

d) Berechne $\frac{\vec{a}}{|\vec{a}|}$, d.h. den normierten Vektor von $\vec{a}$.

8 Matrizen

Der fx-991 DE X rechnet mit Matrizen, die bis zu 4 Zeilen und 4 Spalten enthalten können. Matrizen mit 3 Zeilen und 3 Spalten nennt man 3×3-Matrizen.

Die Rechnungen mit Matrizen werden im Matrizenmodus MATRIX durchgeführt. Diesen rufst du im Menü mit [4] auf.

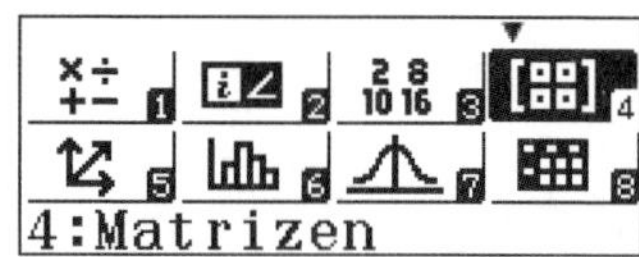

- Auch bei Matrizen gibt es einen Antwortspeicher, in dem das letzte Ergebnis abgelegt ist, er wird mit MatAns bezeichnet.
- Wenn du zwischendurch in einen anderen Modus wechselst, also z.B. in den Gleichungslösemodus oder den Rechenmodus, werden schon eingegebene Matrizen gelöscht.
- Um eine Matrix zu definieren, zu bearbeiten oder Berechnungen durchzuführen, rufst du mit [OPTN] das Matrixmenü auf.

Beispiel

Gesucht ist das Produkt der beiden Matrizen $A = \begin{pmatrix} 2 & 0 & 1 \\ 1 & 1 & 3 \\ 5 & 2 & 0 \end{pmatrix}$ und $B = \begin{pmatrix} 1 & 0 & 1 \\ 0 & 2 & 4 \\ 0 & 1 & 1 \end{pmatrix}$.

Du wechselst zuerst mit [MODE] [4] in den Matrizenmodus. Nun wählst du [1], um die Matrix A einzugeben.

```
Mat. definieren
1:MatA    2:MatB
3:MatC    4:MatD
```

Da es sich um eine 3×3-Matrix handelt, tippst du entsprechend eine [3] für 3 Zeilen.

```
MatA
Anzahl an
     Zeilen?
1~4 wählen
```

Für die Anzahl der Spalten gehst du auf die gleiche Weise vor und nutzt auch hier die Taste [3].

```
MatA
Anzahl an
     Spalten?
1~4 wählen
```

Du gibst die Koeffizienten ein, bestätigst jeweils mit [=] und verlässt die Eingabe zum Schluss mit [AC].

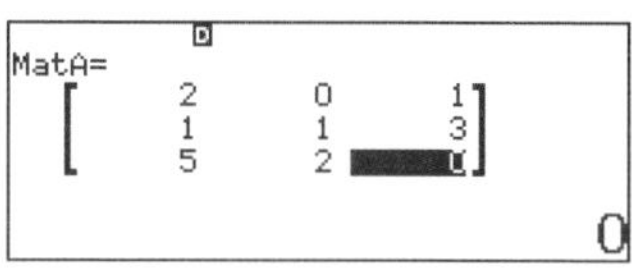

Um die zweite Matrix einzugeben, nutzt du [OPTN] und und wählst dann Mat. definieren mit [1] aus.

```
1:Mat. definieren
2:Mat. bearbeiten
3:MatA    4:MatB
5:MatC    6:MatD
```

Du wählst in der jetzt angezeigten Auswahl MatB mit [2] aus.

```
Mat. definieren
1:MatA    2:MatB
3:MatC    4:MatD
```

Auch hier gibst du zwei mal «3» für die gewünschte Anzahl der Zeilen und Spalten ein.

```
MatB
Anzahl an
     Zeilen?
1~4 wählen
```

Du gibst die Koeffizienten ein und verlässt das Eingabefenster zum Schluss mit [AC].

```
MatB=
[ 1  0  1 ]
[ 0  2  4 ]
[ 0  1  1 ]
                1
```

Mit [OPTN] [3] und [OPTN] [4] kannst du jetzt die beiden Matrizen aufrufen.

```
MatA×MatB
```

Nach Abschluss der Eingabe mit [=] wird die Ergebnismatrix angezeigt.

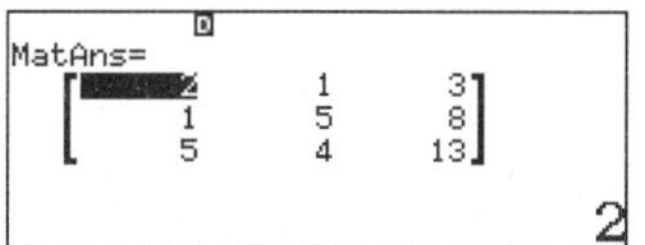

- Um das Ergebnis einer Berechnung als Matrix zu speichern, drückst du nach der Anzeige des Ergebnisses [STO] und dann [A], [B], [C] oder [D].
- Potenzen von Matrizen können nur mit den Tasten $[x^2]$ und S $[x^3]$ gebildet werden. Um höhere Potenzen zu berechnen, kannst du dir z.B. mit $A^4 = A^2 \cdot A^2$ behelfen.

- Um eine inverse Matrix zu berechnen, benutzt du die Taste $[x^{-1}]$.

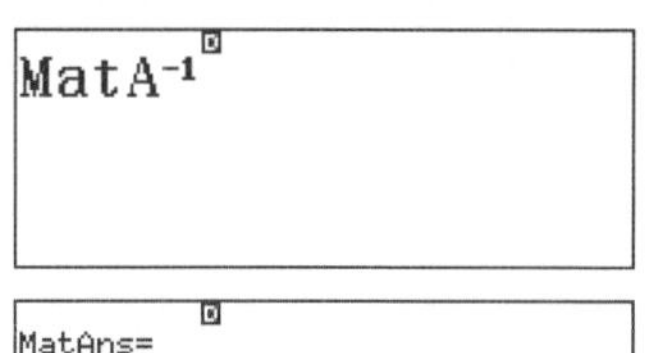

Im Bildschirmfoto rechts ist A^{-1} dargestellt. Bei dezimalen Einträgen in der Matrix wird der markierte Wert unten rechts als Bruch angezeigt.

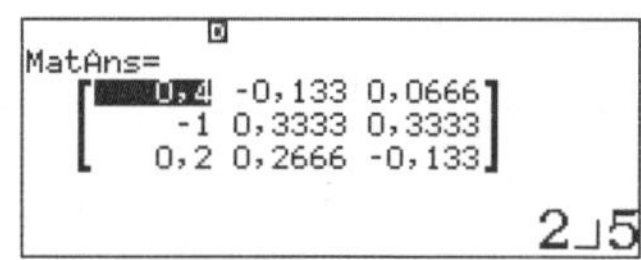

- Um eine Matrix mit einem Vektor zu multiplizieren, gibst du den Vektor als 2×1 bzw. 3×1 Matrix ein.
- In den Rechenmodus wechselst du mit [MENU] [1] zurück.

- Wenn du in einen anderen Modus wechselst, also z.B. in den Gleichungslösemodus oder den Rechenmodus, werden schon eingegebene Matrizen gelöscht.

Aufgaben

a) Berechne das Produkt aus $A = \begin{pmatrix} 1 & 1 \\ 0 & 1 \end{pmatrix}$ und $B = \begin{pmatrix} 1 & 2 \\ 3 & 4 \end{pmatrix}$.

b) Berechne das Produkt aus $A = \begin{pmatrix} 1 & 0 & 1 \\ 0 & 1 & 3 \\ 0 & 2 & 2 \end{pmatrix}$ und $B = \begin{pmatrix} 1 & 0 & 1 \\ 1 & 2 & 0 \\ 2 & 0 & 1 \end{pmatrix}$.

c) Berechne die inverse Matrix von $A = \begin{pmatrix} 1 & 1 \\ 0 & 1 \end{pmatrix}$.

9 Der QR-Code-Generator

Mit dem fx-87 DE X ist es möglich, einen QR-Code zu erzeugen. Dieser Code kann anschließend mit einer Smartphone- oder Tablet-Computer-App gescannt werden. Auf diese Weise können z.B. Funktionsgraphen auf dem Smartphone dargestellt werden.

Der QR-Code wird generiert mit Hilfe der Taste S [QR].
Der Code rechts führt zur Übersichtsseite des Dienstes:
http://wes.casio.com/de/education/extension

Beispiel

Es soll der Funktionsgraph der Funktion $f(x) = x^2 - 2$ für $-4 \leqslant x < 4$ dargestellt werden.

Zuerst wechselst du mit [MENU] und [9] in die Wertetabellenanwendung und gibst die Funktion ein; x wird dabei mit [x] eingegeben. Bestätige mit [=].

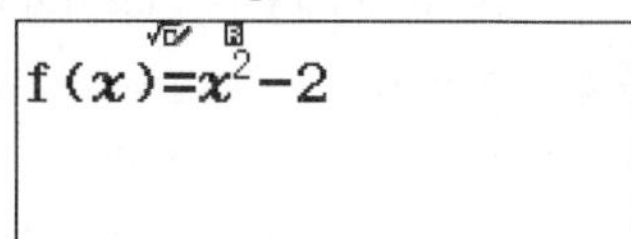

Da du die Funktion $g(x)$ nicht benötigst, kannst du die Eingabe überspringen, indem du [=] tippst.

g(x)=

Die Anfangs- und Endwerte, sowie die Schrittweite können nun eingegeben werden.

Tabellenbereich
Start:-4
Ende :4
Inkre:1

Nun werden die x-Werte und die Funktionswerte der Funktionen dargestellt.

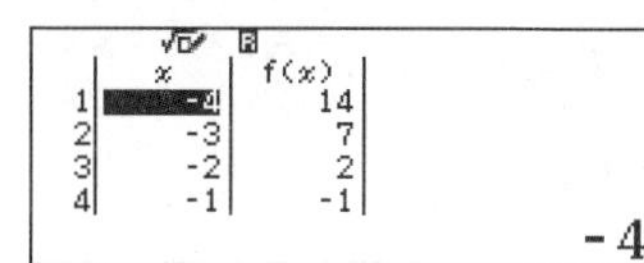

Mit S [QR] kannst du nun den zugehörigen QR-Code erzeugen und mit Hilfe einer Scan-App scannen. Die Code-Anzeige verlässt du mit [AC].

Nach dem Scannen mit dem QR-Scanner wird im Smartphone bzw. Tablet der zugehörige Funktionsgraph angezeigt.

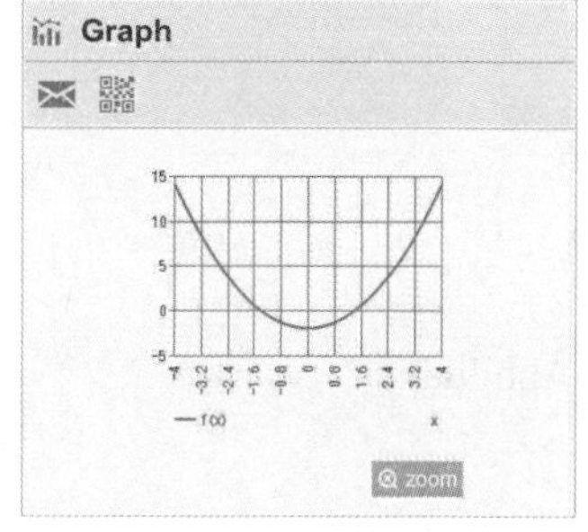

Einsatzmöglichkeiten

- Anzeige von Funktionsgraphen im Wertetabellenmodus. Dabei können die Funktionsgraphen von einer oder zwei Funktionen angezeigt werden. Die y-Achse wird automatisch angepasst. (Abbildungen 1 und 2)
- Die Anzeige eines Punktdiagramms im Statistik Modus: In Abbildung 3 ist ein Punktdiagramm der Daten aus Kapitel 5.2 dargestellt. In dieser Abbildung ist im unteren Bereich teilweise die Tabelle mit den Werten zu sehen, diese ist in Abbildung 4 noch einmal vollständig abgebildet.
- Es ist auch möglich, die Regressionsberechnung im Smartphone durchzuführen, dann wird der Funktionsgraph angezeigt. In Abbildung 5 ist der Graph zur Regression in Kapitel 5.2 dargestellt. Im grauen Bereich können verschiedene Regressionen ausgewählt werden. In der Abbildung ist die quadratische Regression gewählt, die auch im ersten Beispiel in Kapitel 5.2 verwendet wurde.
- In der Tabellenkalkulation kann ein Boxplot angezeigt werden, dieser ist in Abbildung 6 dargestellt.
- Verschiedene Elemente können durch Tippen auf «Zoom» vergrößert werden.

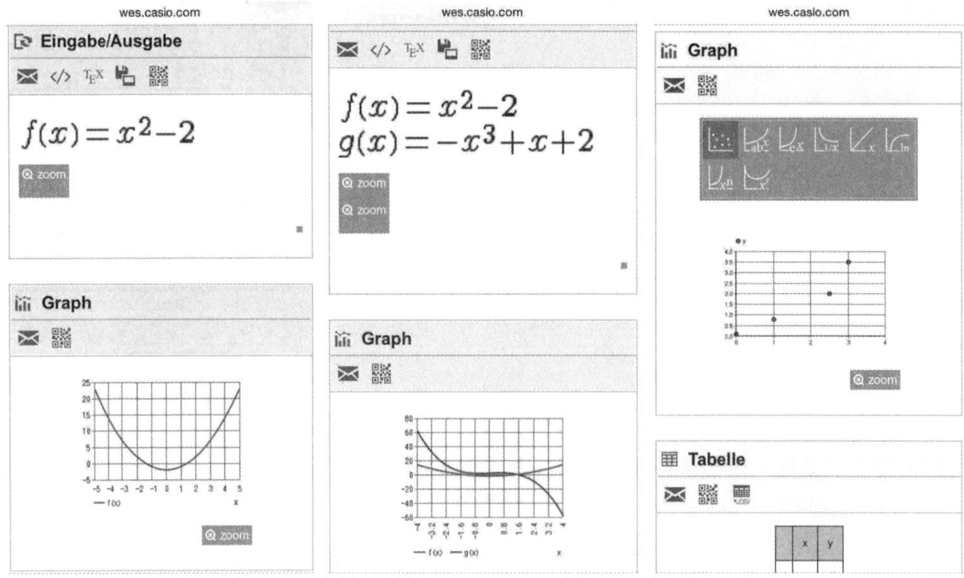

Abbildung 1 Abbildung 2 Abbildung 3

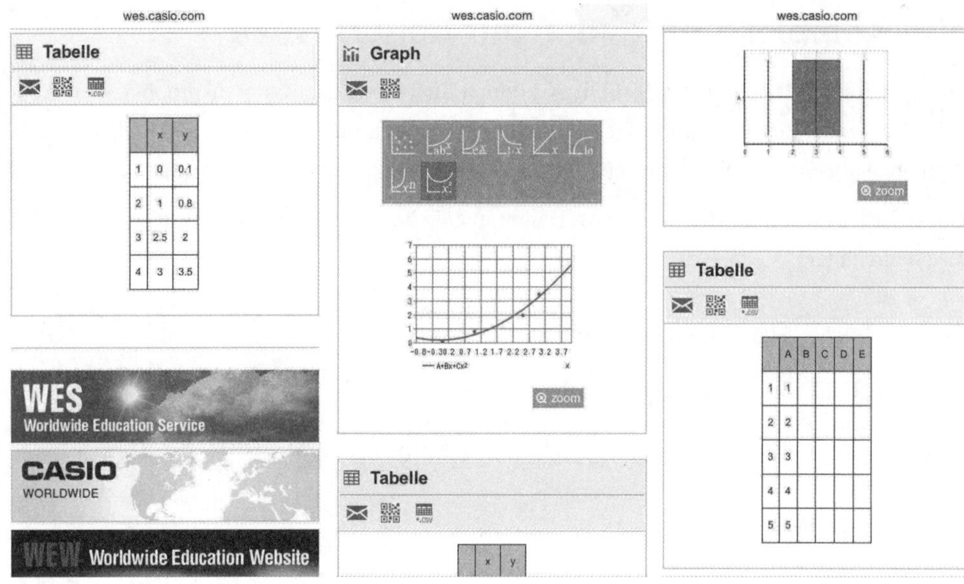

Abbildung 4 Abbildung 5 Abbildung 6

- Die QR-Code-Erzeugung ist an vielen Stellen verfügbar, eine genaue Übersicht ist unter http://wes.casio.com/de/education/extension zu finden.
- Die Code-Anzeige verlässt du mit [AC].
- Es gibt zwei verschiedene QR-Code-Typen, die sich unter S [SETUP] einstellen lassen. Dazu musst du drei mal [▼] benutzen. Die Codes der «Version 3» sind einfacher lesbar, können aber nicht in allen Fällen die nötigen Informationen übermitteln. Die Codes «Version 11» sind besser geeignet, da sie überall funktionieren. Allerdings kann es – je nach Smartphone-Kamera – manchmal nicht ganz einfach sein, den Code zu scannen.
- Wenn das Scannen nicht auf Anhieb klappt, kannst du mit [◄] und [►] die Kontrasteinstellungen der Anzeige verändern, dazu musst du nicht in S [SETUP] wechseln: Wenn ein QR-Code angezeigt wird, kannst du den Kontrast direkt mit Hilfe der beiden Pfeiltasten ändern.

10 Komplexe Aufgaben auf Abiturniveau

Die vielen Funktionen des fx-991 DE X können dir beim Lösen von anspruchsvollen Aufgaben helfen. Daher wird im Folgenden gezeigt, wie man mit Hilfe des fx-991 DE X solche Aufgaben, die von der Schwierigkeit Abituraufgaben entsprechen, lösen kann.

Dabei ist zuerst immer der Weg «von Hand» angegeben und danach der Weg mit Hilfe des Taschenrechners.

10.1 Analysis – Kugelstoßen

a) Die Funktion f ist gegeben durch

$$f(x) = \frac{1}{4}x^3 - 3x^2 + 9x;\ x \in \mathbb{R}.$$

Ihr Graph sei G.

Untersuche G auf gemeinsame Punkte mit der x-Achse, Extrem- und Wendepunkte.
Zeichne G für $0 \leqslant x \leqslant 8$.
Der Graph von f schließt mit der x-Achse eine Fläche ein. Berechne ihren Inhalt A.

b) Die Gerade $x = u$ $(0 < u < 6)$ schneidet die x-Achse im Punkt Q und den Graph von f im Punkt P.
Bestimme die Koordinaten des Punktes P so, dass das Dreieck OQP maximalen Flächeninhalt hat.

c) Beim Kugelstoßen wird eine Kugel im Punkt A aus einer Höhe von 2,0 m unter einem Winkel von $\alpha = 42^\circ$ bezüglich der Horizontalen abgestoßen und landet im Punkt B auf dem Boden. Als Weite werden $18{,}6\,\text{m}$ gemessen. Die Flugbahn der Kugel kann näherungsweise durch eine Parabel beschrieben werden.
Bestimme die Gleichung der Flugbahn, berechne dabei die Parameter auf drei Stellen hinter dem Komma.
Unter welchem Winkel β trifft die Kugel auf dem Boden auf?

Lösung

a) Es ist $f(x) = \frac{1}{4}x^3 - 3x^2 + 9x$.

Für die Ableitungen gilt:

$$f'(x) = \frac{3}{4}x^2 - 6x + 9$$
$$f''(x) = \frac{3}{2}x - 6$$
$$f'''(x) = \frac{3}{2}$$

Gemeinsame Punkte mit der x-Achse erhält man durch $f(x) = 0$:

$$\frac{1}{4}x^3 - 3x^2 + 9x = 0 \Rightarrow x\left(\frac{1}{4}x^2 - 3x + 9\right) = 0$$

Daraus folgt, dass entweder $x_1 = 0$ oder $\frac{1}{4}x^2 - 3x + 9 = 0$ ist. Lösen der quadratischen Gleichung mit Hilfe des Taschenrechners oder der pq- bzw. abc-Formel ergibt $x_2 = 6$.

Seite 19

Du rufst zuerst mit [MODE] den Gleichungslöser Gleichung/Funkt auf.

Anschließend wählst du Polynom-Gleich. mit [2], tippst [2], da es sich um eine quadratische Gleichung handelt und und gibst die Koeffizienten ein.

Du bestätigst mit [=]. Für diese Gleichung gibt es nur eine Lösung $x = 6$, diese wird angezeigt.

Alternativ kannst du gleich den Gleichungslöser für x^3-Gleichungen verwenden, dazu gibst du bei Polynom-Gleich. «3» ein.

Du gibst die Koeffizienten ein und bestätigst mit [=]. Die erste Lösung wird angezeigt.

Wenn du ein weiteres Mal mit [=] bestätigst, wird die zweite Lösung angezeigt.

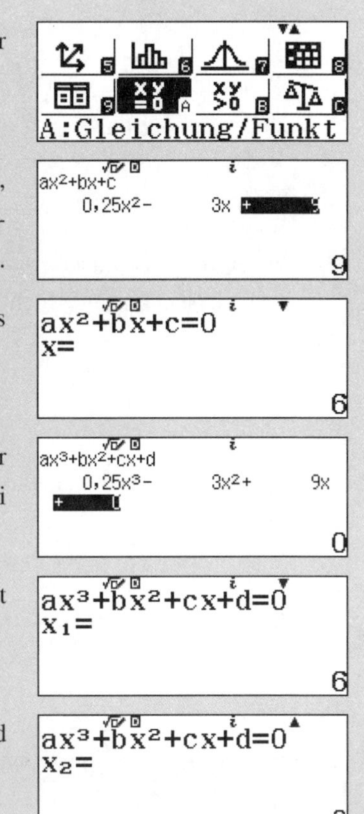

Somit sind $N_1\,(0 \mid 0)$ und $N_2\,(6 \mid 0)$ gemeinsame Punkte von G mit der x-Achse.
Extrempunkte erhält man durch $f'(x) = 0$:

$$\frac{3}{4}x^2 - 6x + 9 = 0$$

Lösen mit dem Taschenrechner bzw. der pq- oder abc-Formel: $x_1 = 2$ und $x_2 = 6$.

Du rufst zuerst den Gleichungslöser Gleichung/Funkt im Modusmenü auf.

Anschließend wählst du Polynom-Gleich. mit [2], tippst [2], da es sich um eine quadratische Gleichung handelt und und gibst die Koeffizienten ein.

Du bestätigst mit [=]. Die erste Lösung $x_1 = 6$, wird angezeigt.

Wenn du ein weiteres Mal mit [=] bestätigst, wird die zweite Lösung $x_2 = 2$ angezeigt.

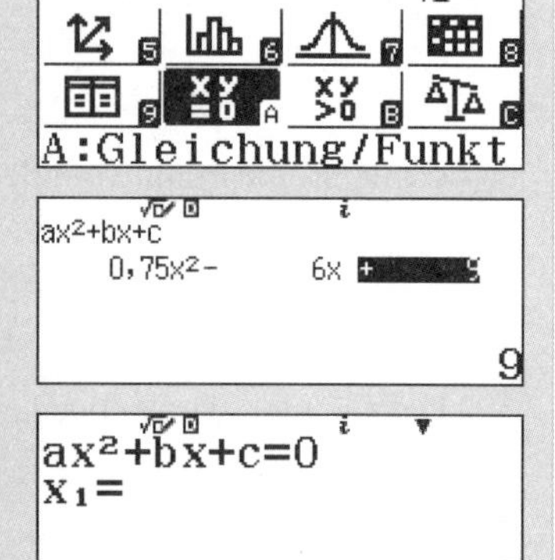

Die zugehörigen y-Werte sind $y_1 = f(2) = 8$ und $y_2 = f(6) = 0$.
Zur Untersuchung auf Hoch- oder Tiefpunkte setzt man die x-Werte in $f''(x)$ ein:

$$f''(2) = -3 < 0 \Rightarrow \mathrm{H}\,(2 \mid 8)$$
$$f''(6) = 3 > 0 \Rightarrow \mathrm{T}\,(6 \mid 0)$$

Wendepunkte erhält man durch $f''(x) = 0$:

$$\frac{3}{2}x - 6 = 0 \Rightarrow x = 4$$

Der zugehörige y-Wert ist $y = f(4) = 4$.
Wegen

$$f'''(4) = \frac{3}{2} > 0$$

folgt: $\mathrm{W}\,(4 \mid 4)$ ist Wendepunkt von G.

Mit Hilfe der charakteristischen Punkte des Graphen kann dieser gezeichnet werden:

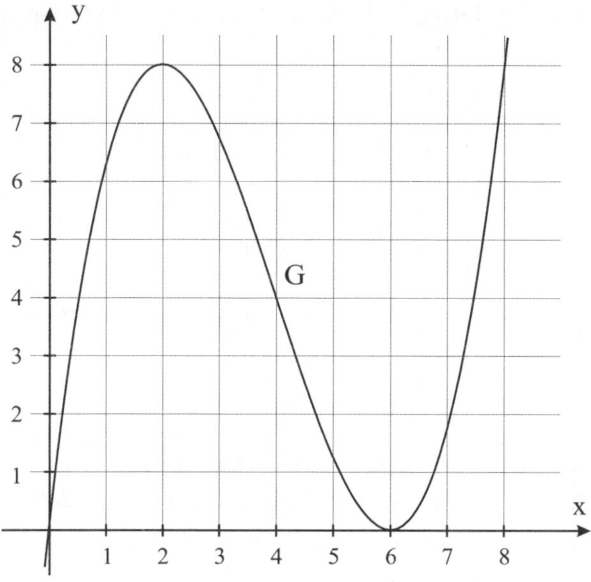

Seite 27

Zusätzlich kannst du noch eine Wertetabelle erstellen. Dazu wechselst du mit [MENU] und [9] in die Wertetabellenanwendung.

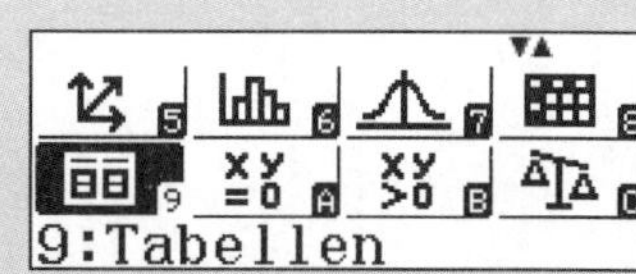

Jetzt gibst du die Funktion ein; x wird dabei mit [x] eingegeben. Bestätige mit [=]. Die Eingabe von $g(x)$ überspringst du mit [=].

$$f(x)=\frac{1}{4}x^3-3x^2+9x$$

Den voreingestellten Startwert und die Schritweite kannst du übernehmen. Den Endwert setzt du auf 8. Bestätige mit [=].

Tabellenbereich
Start:1
Ende :8
Inkre:1

Nun wird die Wertetabelle angezeigt. Mit [▼] und [▲], sowie [►] und [◄] kannst du innerhalb der Wertetabelle navigieren.

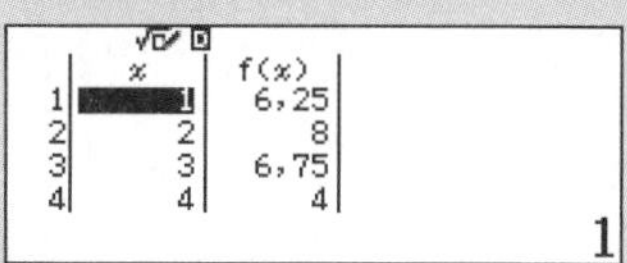

Falls zu noch zusätzliche Werte benötigst, gibst du diese in der Spalte x ein und bestätigst mit [=].

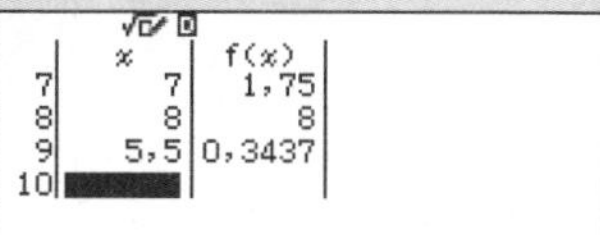

Den Flächeninhalt der vom Graphen G und der x-Achse eingeschlossenen Fläche erhält man mit Hilfe des Integrals; die Integrationsgrenzen sind die Nullstellen:

$$\begin{aligned} \mathrm{A} &= \int_0^6 f(x)\,dx \\ &= \int_0^6 \left(\frac{1}{4}x^3 - 3x^2 + 9x\right) dx \\ &= \left[\frac{1}{16}x^4 - x^3 + \frac{9}{2}x^2\right]_0^6 \\ &= \frac{1}{16}\cdot 6^4 - 6^3 + \frac{9}{2}\cdot 6^2 - \left(\frac{1}{16}\cdot 0^4 - 0^3 + \frac{9}{2}\cdot 0^2\right) \\ &= 27 \end{aligned}$$

Seite 30

Zuerst rufst du mit [$\int_\square^\square$ ■] die Integralberechnung auf und gibst die Funktion und die Grenzen ein. Innerhalb des Integrals navigierst mit [►] und [◄]

$\int_0^6 \frac{1}{4}x^3 - 3x^2 + 9x\,dx$

Mit der Taste [=] wird die Berechnung gestartet.

$\int_0^6 \frac{1}{4}x^3 - 3x^2 + 9x\,dx$

27

b) Es ist $f(x) = \frac{1}{4}x^3 - 3x^2 + 9x$

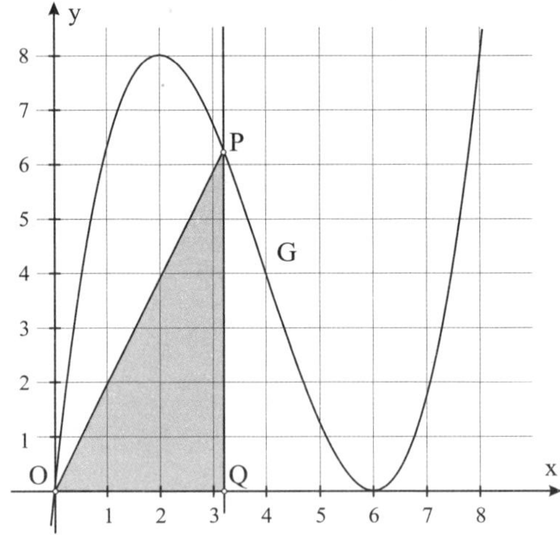

Allgemein gilt für den Flächeninhalt des Dreiecks OQP: $\mathrm{A} = \frac{1}{2}\cdot g\cdot h$. Für die Grundseite g gilt: $g = \overline{\mathrm{OQ}} = u$, für die Höhe h gilt: $h = \overline{\mathrm{QP}} = f(u) = \frac{1}{4}u^3 - 3u^2 + 9u$.

Damit gilt für den Flächeninhalt in Abhängigkeit von u:

$$\mathrm{A}(u) = \frac{1}{2} \cdot u \cdot \left(\frac{1}{4}u^3 - 3u^2 + 9u\right) = \frac{1}{8}u^4 - \frac{3}{2}u^3 + \frac{9}{2}u^2$$

Um das Maximum von $\mathrm{A}(u)$ zu bestimmen, wird $\mathrm{A}(u)$ abgeleitet und gleich Null gesetzt:

$$\mathrm{A}'(u) = \frac{1}{2}u^3 - \frac{9}{2}u^2 + 9u$$

Zum Lösen der Gleichung $\mathrm{A}'(u) = 0$ wird u ausgeklammert:

$$\frac{1}{2}u^3 - \frac{9}{2}u^2 + 9u = u\left(\frac{1}{2}u^2 - \frac{9}{2}u + 9\right) = 0$$

Daraus folgt, dass entweder $u_1 = 0$ oder der Term in der Klammer gleich Null ist.
Zur Bestimmung der weiteren Lösungen wird die Gleichung

$$\frac{1}{2}u^2 - \frac{9}{2}u + 9 = 0 \Leftrightarrow u^2 - 9u + 18 = 0$$

mit Hilfe der pq- oder abc-Formel gelöst. Es ergeben sich $u_2 = 3$ und $u_3 = 6$.

Seite 19

Mit dem Gleichungslöser für x^2-Gleichungen kannst du die Gleichung direkt lösen. Wähle Polynom-Gleich. und «2» für den Grad der Gleichung.

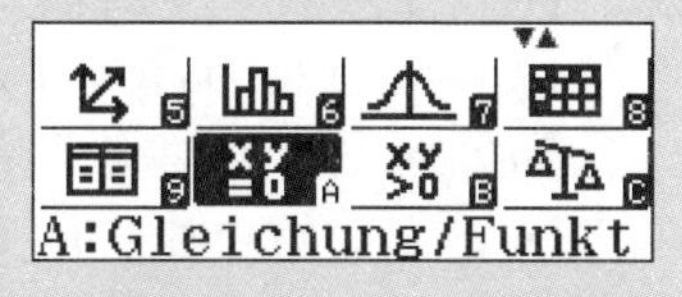

Du gibst die Koeffizienten ein und bestätigst mit [=].

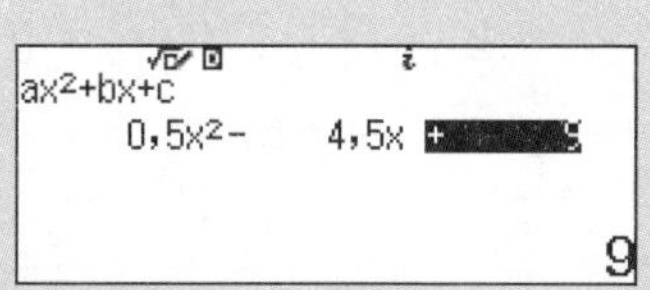

Die erste Lösung wird angezeigt.

ax²+bx+c=0
x₁=
6

Wenn du ein weiteres Mal mit mit [=] bestätigst, wird die zweite Lösung angezeigt.

ax²+bx+c=0
x₂=
3

Wegen $u < 6$ setzt man $u = 3$ in die zweite Ableitung $\mathrm{A}''(u) = \frac{3}{2}u^2 - 9u + 9$ ein und erhält

$\mathrm{A}''(3) = \frac{3}{2} \cdot 3^2 - 9 \cdot 3 + 9 = -4{,}5 < 0$. Also handelt es sich bei $u = 3$ um ein Maximum.

Der y-Wert des Punktes P ist $y = f(3) = \frac{1}{4} \cdot 3^3 - 3 \cdot 3^2 + 9 \cdot 3 = 6{,}75$.

Damit hat der Punkt P die Koordinaten $\mathrm{P}(3 \mid 6{,}75)$.

c) Skizze der Flugbahn (nicht Teil der Aufgabenstellung):

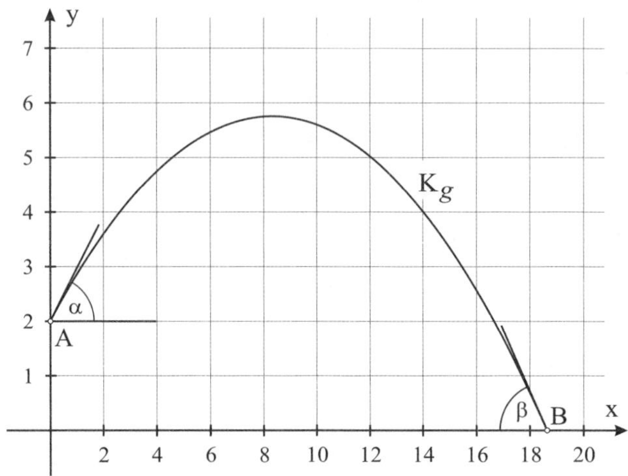

Die Flugbahn der Kugel ist näherungsweise eine Parabel, daher kann man als Ansatz $g(x) = ax^2 + bx + c$ wählen mit $a,\ b,\ c \in \mathbb{R},\ a \neq 0$.
Im Punkt A $(0 \mid 2)$ ist der Abstoßwinkel $\alpha = 42°$, d.h. die Steigung der Tangente im Punkt A ist $m = \tan 42° \approx 0{,}900 = g'(0)$.
Da $g'(x) = 2ax + b$, gilt:

$$g'(0) = 2a \cdot 0 + b = 0{,}900 \Rightarrow b = 0{,}900$$

Setzt man A $(0 \mid 2)$ in $g(x)$ ein, so erhält man:

$$a \cdot 0^2 + b \cdot 0 + c = 2 \Rightarrow c = 2$$

Setzt man B $(18{,}6 \mid 0)$ in die Funktion $g(x)$ ein, so erhält man:

$$a \cdot 18{,}6^2 + b \cdot 18{,}6 + c = 0$$

bzw.

$$345{,}96a + 0{,}9 \cdot 18{,}6 + 2 = 0 \Rightarrow a \approx -0{,}054$$

Somit hat die Parabel die Gleichung:

$$g(x) = -0{,}054x^2 + 0{,}9x + 2$$

Um den Auftreffwinkel β zu bestimmen, berechnet man die Tangentensteigung in B $(18{,}6 \mid 0)$ mit Hilfe von $g'(x) = -0{,}108x + 0{,}9$:

$$g'(18{,}6) = -0{,}108 \cdot 18{,}6 + 0{,}9 \approx -1{,}109$$

Aus $\tan\beta = -1{,}109$ folgt $\beta \approx -47{,}96°$.
Die Kugel trifft also unter einem Winkel von ca. $47{,}96°$ auf dem Boden auf.*

*Man die Tangentensteigung auch mit Hilfe der Ableitungswerte berechnenFunktion ermitteln können, doch da die Ableitung bekannt ist, ist es einfacher, diese "direktßu bestimmen.

10.2 Analysis – Mountainbike

Eine kleine Firma stellt Mountainbikes her. Bei einer Monatsproduktion von x Mountainbikes entstehen Fixkosten in Höhe von 5000 Euro und variable Kosten $V(x)$ (in Euro), die durch folgende Tabelle modellhaft gegeben sind:

x	0	2	6	10
$V(x)$	0	306	954	1650

a) Bestimme die Funktionsgleichung der ganzrationalen Funktion 2. Grades $V(x)$ sowie der monatlichen Herstellungskosten H in Abhängigkeit von x.
Skizziere den Graph von H für $0 \leqslant x \leqslant 200$ in ein geeignetes Koordinatensystem.
Bei welcher Produktionszahl sind die variablen Kosten fünfmal so hoch wie die Fixkosten?

b) Alle monatlich produzierten Mountainbikes werden zu einem Preis von 450 Euro pro Stück an einen Händler verkauft.
Gib den monatlichen Gewinn G in Abhängigkeit von x an und skizziere den Graph der Gewinnfunktion in das vorhandene Koordinatensystem.
Bei welchen Produktionszahlen macht die Firma Gewinn?
Wie hoch ist der maximale Gewinn pro Monat?

c) Durch große Konkurrenz auf dem Markt muss die Firma den Preis pro Mountainbike senken.
Um wie viel Prozent vom ursprünglich erzielten Preis ist dies höchstens möglich, wenn pro Monat 90 Mountainbikes produziert werden und der Gewinn mindestens 2000 Euro betragen soll?

Lösung

a) Da die variablen Kosten V durch eine ganzrationale Funktion 2. Grades beschrieben werden sollen, gilt für V der Ansatz: $\mathrm{V}(x) = ax^2 + bx + c$.
Aus den gegebenen Daten erhält man folgende Gleichungen:

$$\begin{array}{lrcr} \text{I} & \mathrm{V}(0) & = & 0 \\ \text{II} & \mathrm{V}(2) & = & 306 \\ \text{III} & \mathrm{V}(6) & = & 954 \end{array}$$

bzw.

$$\begin{array}{lccccccr} \text{I} & a\cdot 0^2 & + & b\cdot 0 & + & c & = & 0 \\ \text{II} & a\cdot 2^2 & + & b\cdot 2 & + & c & = & 306 \\ \text{III} & a\cdot 6^2 & + & b\cdot 6 & + & c & = & 954 \end{array}$$

Dies führt zu:

$$\begin{array}{lrcrcr} \text{I} & & & c & = & 0 \\ \text{II} & 4a & + & 2b & = & 306 \\ \text{III} & 36a & + & 6b & = & 954 \end{array}$$

Multipliziert man Gleichung II mit 3 und subtrahiert davon Gleichung III, so ergibt sich: $-24a = -36 \Rightarrow a = 1{,}5$. Setzt man $a = 1{,}5$ in Gleichung II ein, so erhält man: $4\cdot 1{,}5 + 2b = 306 \Rightarrow b = 150$. Außerdem ist auch $\mathrm{V}(10) = 100a + 10b = 1650$ erfüllt.
Somit werden die variablen Kosten V beschrieben durch:

$$\mathrm{V}(x) = 1{,}5x^2 + 150x$$

Seite 24

Mit dem Gleichungslöser für Gleichungssysteme mit 2 Variablen kannst du das Gleichungssystem direkt lösen.

Du gibst die Koeffizienten ein und bestätigst mit [=].

Die Lösung für die erste Variable wird angezeigt.

Wenn du ein weiteres Mal mit [=] bestätigst, wird die zweite Variable angezeigt.

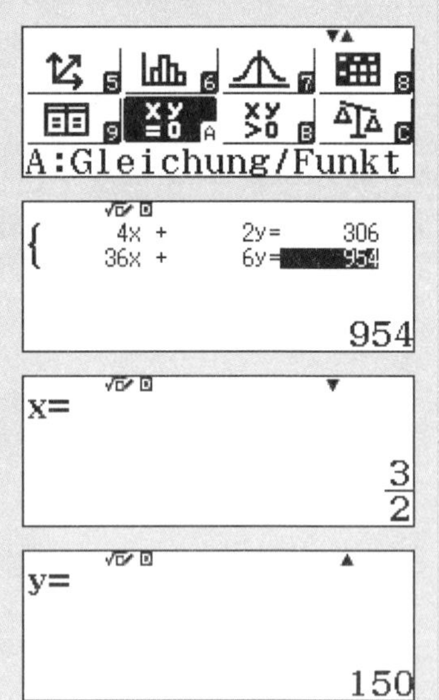

Die monatlichen Herstellungskosten H setzen sich aus den Fixkosten und den variablen Kosten V zusammen:

$$\mathrm{H}(x) = 5000 + \mathrm{V}(x) = 1{,}5x^2 + 150x + 5000$$

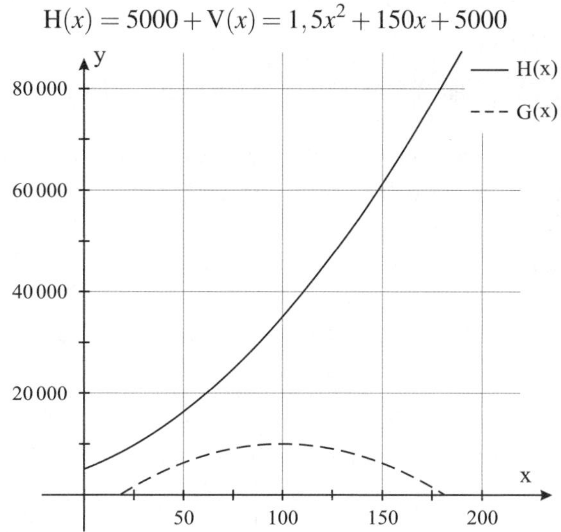

Wenn die variablen Kosten $\mathrm{V}(x)$ fünfmal so hoch wie die Fixkosten (5000 €) sein sollen, muss gelten:

$$\mathrm{V}(x) = 25\,000 \text{ bzw. } 1{,}5x^2 + 150x = 25\,000 \;\Rightarrow\; x_1 \approx 88{,}44 \text{ und } x_2 \approx -188{,}44$$

Bei einer Produktion von 88 Mountainbikes sind die variablen Kosten fünfmal so hoch wie die Fixkosten.

Seite 19

Du rufst den Gleichungslöser im Menu auf und wählst Polynom-Gleich. mit [2].	Polynom-Gleich. Grad? 2~4 wählen
Anschließend wählst du die quadratische Gleichung mit [2] und gibst die Koeffizienten ein.	ax²+bx+c 1,5x²+ 150x - 25000 -25000
Du bestätigst mit [=]. Die erste Lösung wird angezeigt.	ax²+bx+c=0 x₁= 88,44373105
Wenn du ein weiteres Mal mit mit [=] bestätigst, wird die zweite Lösung angezeigt.	ax²+bx+c=0 x₂= -188,443731

b) Den monatlichen Gewinn G erhält man, indem man die Herstellungskosten H vom Erlös E subtrahiert. Da ein Mountainbike für 450 € an den Händler verkauft wird, gilt für den Erlös E bei x produzierten Mountainbikes:

$$\mathrm{E}(x) = 450 \cdot x$$

$$\mathrm{G}(x) = \mathrm{E}(x) - \mathrm{H}(x) = 450x - (1{,}5x^2 + 150x + 5000) = -1{,}5x^2 + 300x - 5000$$

Die Firma macht Gewinn, wenn $\mathrm{G}(x)$ positiv ist, d.h. wenn die Produktionszahlen zwischen den Nullstellen von G liegen, da der Graph von G eine nach unten geöffnete Parabel ist.
$\mathrm{G}(x) = 0$ führt zu

$$-1{,}5x^2 + 300x - 5000 = 0 \;\Rightarrow\; x_1 \approx 18{,}35 \text{ und } x_2 \approx 181{,}65$$

Seite 19

Um die quadratische Gleichung zu lösen rufst Du den Gleichungslöser im Menu auf mit ^{A} [A].

```
1:Gleichungssyst.
2:Polynom-Gleich.
```

Anschließend wählst du die quadratische Gleichung mit [2] und gibst die Koeffizienten ein.

```
ax²+bx+c
 -   1,5x²+    300x  -5000
                    -5000
```

Du bestätigst mit [=]. Die erste Lösung wird angezeigt.

```
ax²+bx+c=0
X₁=
              181,6496581
```

Nachdem du ein weiteres Mal mit [=] bestätigt hast, wird die zweite Lösung angezeigt.

```
ax²+bx+c=0
X₂=
              18,35034191
```

Die Firma macht Gewinn, wenn mehr als 18 und weniger als 182 Mountainbikes hergestellt werden.

Den maximalen Gewinn erhält man durch Berechnung des Maximums von G durch Nullsetzen der 1. Ableitung:

$$\mathrm{G}'(x) = -3x + 300 = 0 \;\Rightarrow\; x = 100$$

Da G′ bei $x = 100$ das Vorzeichen von + nach − wechselt, handelt es sich um ein Maximum. Setzt man $x = 100$ in $\mathrm{G}(x)$ ein, so erhält man:

$$\mathrm{G}(100) = -1{,}5 \cdot 100^2 + 300 \cdot 100 - 5000 = 10\,000$$

Bei einer Produktion von 100 Mountainbikes pro Monat beträgt der maximale Gewinn also 10 000 €.

c) Wenn pro Monat 90 Mountainbikes produziert werden, betragen die Herstellungskosten

$$H(90) = 1{,}5 \cdot 90^2 + 150 \cdot 90 + 5000 = 30\,650$$

Ist p der Preis für ein Mountainbike, so beträgt der Erlös $E = 90 \cdot p$.
Da der Gewinn mindestens 2000 € betragen soll, muss gelten:

$$90p - 30\,650 \geqslant 2000 \;\Rightarrow\; p \geqslant 362{,}78.$$

Der Preis für ein Mountainbike kann also höchstens um $450 - 362{,}78 = 87{,}22$ € gesenkt werden.
Es gilt:

$$\frac{87{,}22}{450} \approx 0{,}194 = 19{,}4\,\%$$

Also kann der ursprünglich erzielte Preis um höchstens 19,4 % gesenkt werden.

10.3 Vektoren – Solarzellen

a) Durch die Punkte $A(0 \mid 0 \mid 0)$, $B(10 \mid 0 \mid 0)$, $C(10 \mid 6 \mid 0)$, $D(0 \mid 8 \mid 0)$, $E(0 \mid 0 \mid 10)$, $F(10 \mid 0 \mid 11)$, $G(10 \mid 6 \mid 8)$ und $H(0 \mid 8 \mid 6)$ sind die Eckpunkte einer Hütte mit Pultdach gegeben $(1\,\text{LE} = 1\,\text{m})$.
Zeichnen Sie ein Schrägbild der Hütte in ein geeignetes Koordinatensystem.
Zeige, dass die Eckpunkte der Dachfläche EFGH in einer Ebene liegen.

b) Zum Anbringen von Solarzellen sollte die Dachneigung bezüglich der x_1x_2-Ebene mindestens $25°$ betragen. Prüfe, ob dieser Wert eingehalten wird.

c) Berechne die mögliche Solarzellenfläche, wenn $80\,\%$ der Dachfläche mit Solarzellen bestückt werden.

Lösung

Auch bei dieser Aufgabe gilt, dass zwar sehr viele Vektorberechnungen mit dem Rechner ausgeführt werden können, aber es nicht immer sinnvoll ist, weil der Weg über die Eingabe von zwei Vektoren unter Umständen mehr Schritte umfasst als das direkte Berechnen. Es kann vor allem dann sinnvoll sein, den Rechner zu benutzen, wenn schon ein oder beide Vektoren aus einer vorangehenden Berechnung eingegeben wurden.

a) Um zu zeigen, dass die Eckpunkte der Dachfläche EFGH in einer Ebene liegen, bestimmt man zuerst mit drei Punkten, z.B. E, F und G eine Koordinatengleichung einer Ebene E_1; hierzu berechnet man mit Hilfe des Kreuzprodukts zweier Verbindungsvektoren der drei Punkte $E(0\,|\,0\,|\,10)$, $F(10\,|\,0\,|\,11)$ und $G(10\,|\,6\,|\,8)$ einen Normalenvektor.

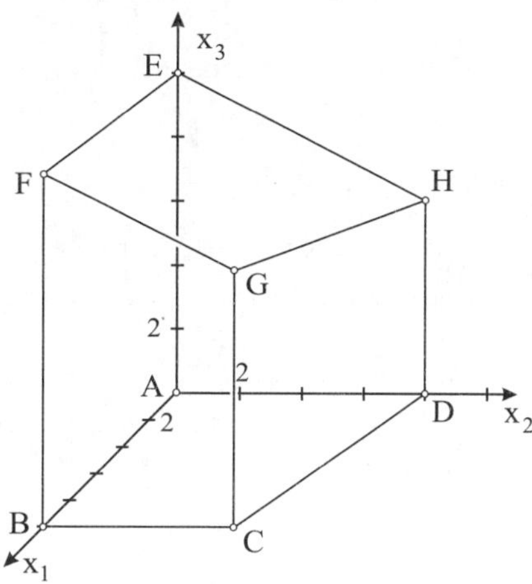

$$\overrightarrow{EF} \times \overrightarrow{EG} = \begin{pmatrix} 10 \\ 0 \\ 1 \end{pmatrix} \times \begin{pmatrix} 10 \\ 6 \\ -2 \end{pmatrix} = \begin{pmatrix} -6 \\ 30 \\ 60 \end{pmatrix} = 6 \cdot \begin{pmatrix} -1 \\ 5 \\ 10 \end{pmatrix} \Rightarrow \vec{n} = \begin{pmatrix} -1 \\ 5 \\ 10 \end{pmatrix}.$$

Du wechselst zuerst mit [MENU] [5] in den Vektormodus. Nun wählst du [1], um den Vektor $\overrightarrow{EF}$ als VctA einzugeben.

```
Vek. definieren
1:VctA    2:VctB
3:VctC    4:VctD
```

Seite 45

Da es sich um einen dreidimensionalen Vektor handelt, tippst du [3] ein.

```
VctA
Dimension?

2~3 wählen
```

Nun gibst du die Koeffizienten ein und schließt die Eingabe jeweils mit [=] ab. Verlasse die Eingabe mit [AC]

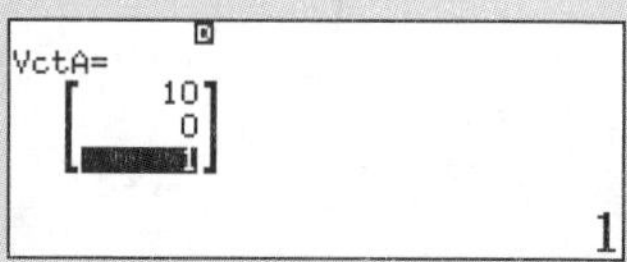

Um den zweiten Vektor $\overrightarrow{EG}$ einzugeben, tippst du zuerst [OPTN] und wählst dann mit [1] Vek. definieren aus.

```
1:Vek. definieren
2:Vek. bearbeiten
3:VctA    4:VctB
5:VctC    6:VctD
```

Durch tippen von [2] wählst du VctB aus.	Vek. definieren 1:VctA 2:VctB 3:VctC 4:VctD
Du bestätigst mit [3], dass es sich um einen dreidimensionalen Vektor handelt und kannst anschließend die Koeffizienten eingeben.	VctB Dimension? 2~3 wählen
Du schließt die Eingabe mit [=], nun ist der Vektor $\overrightarrow{EG}$ eingegeben.	VctB= 10 6 -2 -2
Als nächstes musst du [AC] drücken, um zum Vektorberechnungsbildschirm zu gelangen.	Vektor
Nun kannst du den ersten Vektor mit [OPTN]und dann [3] aufrufen.	1:Vek. definieren 2:Vek. bearbeiten 3:VctA 4:VctB 5:VctC 6:VctD
Du fügst das Multiplikationszeichen für das Kreuzprodukt hinzu. Vektor B wird analog mit [OPTN] und [4] eingefügt.	VctA×VctB
Das Ergebnis wird nun angezeigt.	VctAns= -6 30 60 -6

Setzt man $\vec{e}$ und $\vec{n}$ in die Normalenform $E_1 : (\vec{x} - \vec{e}) \cdot \vec{n} = 0$ ein, so ergibt sich für E_1:

$$\left(\vec{x} - \begin{pmatrix} 0 \\ 0 \\ 10 \end{pmatrix}\right) \cdot \begin{pmatrix} -1 \\ 5 \\ 10 \end{pmatrix} = 0 \;\Rightarrow E_1 : -x_1 + 5x_2 + 10x_3 - 100 = 0$$

Setzt man nun $H(0 \mid 8 \mid 6)$ in die Koordinatengleichung der Ebene E_1 ein, so erhält man:

$$-0 + 5 \cdot 8 + 10 \cdot 6 - 100 = 0 \;\Rightarrow\; 0 = 0$$

Aufgrund der wahren Aussage ist H in E_1 enthalten und die vier Eckpunkte der Dachfläche liegen in einer Ebene.

b) Zur Berechnung der Dachneigung bezüglich der x_1x_2-Ebene setzt man die Normalenvektoren $\vec{n}_1 = \begin{pmatrix} -1 \\ 5 \\ 10 \end{pmatrix}$ der Ebene E_1 und $\vec{n}_2 = \begin{pmatrix} 0 \\ 0 \\ 1 \end{pmatrix}$ der x_1x_2-Ebene in die Formel $\cos\alpha = \frac{|\vec{n_1} \cdot \vec{n_2}|}{|\vec{n_1}| \cdot |\vec{n_2}|}$ ein:

$$\cos\alpha = \frac{\left|\begin{pmatrix} -1 \\ 5 \\ 10 \end{pmatrix} \cdot \begin{pmatrix} 0 \\ 0 \\ 1 \end{pmatrix}\right|}{\left|\begin{pmatrix} -1 \\ 5 \\ 10 \end{pmatrix}\right| \cdot \left|\begin{pmatrix} 0 \\ 0 \\ 1 \end{pmatrix}\right|} = \frac{10}{\sqrt{126}} \Rightarrow \alpha \approx 27{,}02^\circ$$

Da $\alpha > 25^\circ$, wird der geforderte Wert eingehalten.

> Bei dieser Rechnung lohnt es sich nicht, die beiden Vektoren in den Taschenrechner einzugeben. Dies liegt vor allem daran, dass der Vektor $\vec{n}_2$ in der ersten und der zweiten Komponente eine Null enthält, was die Berechnung sehr vereinfacht.

c) Zur Berechnung der Dachfläche muss zuerst die Art des Vierecks bestimmt werden:

Da $\overrightarrow{EH} = \begin{pmatrix} 0 \\ 8 \\ -4 \end{pmatrix}$ und $\overrightarrow{FG} = \begin{pmatrix} 0 \\ 6 \\ -3 \end{pmatrix}$ gilt: $\overrightarrow{EH} = \frac{4}{3} \cdot \overrightarrow{FG} \Rightarrow \overrightarrow{EH}$ und $\overrightarrow{FG}$ sind linear abhängig, d.h. die Kante EH ist parallel zur Kante FG.

Weil $\overrightarrow{EF} = \begin{pmatrix} 10 \\ 0 \\ 1 \end{pmatrix}$ und $\overrightarrow{HG} = \begin{pmatrix} 10 \\ -2 \\ 2 \end{pmatrix}$ nicht linear abhängig sind, sind die Kanten EF und HG nicht parallel, also handelt es sich um ein Trapez:

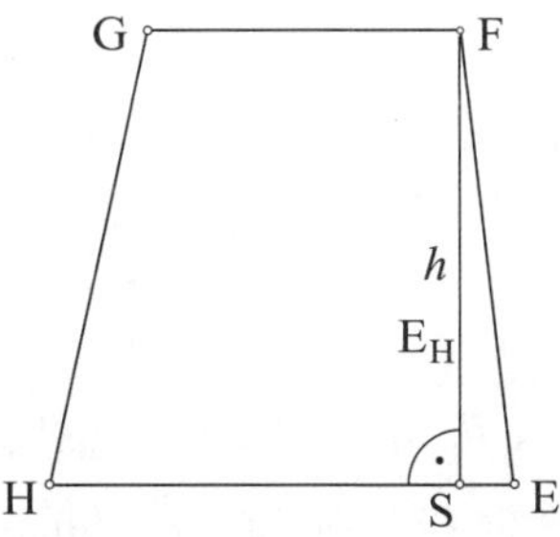

Die Fläche des Trapezes berechnet man mit der Formel $A = \frac{\overline{EH} + \overline{FG}}{2} \cdot h$.

$$\overline{\mathrm{EH}} = |\overrightarrow{\mathrm{EH}}| = \left|\begin{pmatrix} 0 \\ 8 \\ -4 \end{pmatrix}\right| = \sqrt{64+16} = \sqrt{80}$$

$$\overline{\mathrm{FG}} = |\overrightarrow{\mathrm{FG}}| = \left|\begin{pmatrix} 0 \\ 6 \\ -3 \end{pmatrix}\right| = \sqrt{36+9} = \sqrt{45}.$$

Auch hier wäre die Eingabe in den Rechner aufwändiger als das Ausrechnen «von Hand». Zudem stehen in den Koeffizienten ganze Zahlen, deren Quadrate man leicht im Kopf ausrechnen kann.

Die Trapezhöhe h ist gleich dem Abstand des Punktes F zur Geraden g durch E und H mit der Gleichung

$$g: \vec{x} = \begin{pmatrix} 0 \\ 0 \\ 10 \end{pmatrix} + t \cdot \begin{pmatrix} 0 \\ 8 \\ -4 \end{pmatrix}.$$

Hierzu stellt man eine Hilfsebene $\mathrm{E_H}$ orthogonal zur Geraden g durch den Punkt F auf, d.h. der Normalenvektor der Ebene $\mathrm{E_H}$ ist der Richtungsvektor der Geraden g.
Man erhält:

$$\mathrm{E_H}: \left(\vec{x} - \begin{pmatrix} 10 \\ 0 \\ 11 \end{pmatrix}\right) \cdot \begin{pmatrix} 0 \\ 8 \\ -4 \end{pmatrix} = 0 \Rightarrow \mathrm{E_H}: 8x_2 - 4x_3 + 44 = 0$$

bzw.

$$\mathrm{E_H}: 2x_2 - x_3 + 11 = 0.$$

Schneidet man g mit der Hilfsebene $\mathrm{E_H}$, so gilt:

$$2 \cdot (0+8t) - (10-4t) + 11 = 0 \Rightarrow t = -\frac{1}{20}$$

Setzt man $t = -\frac{1}{20}$ in g ein, so erhält man den Schnittpunkt: $\mathrm{S}\left(0 \mid -\frac{2}{5} \mid \frac{51}{5}\right)$.
Damit ist die Trapezhöhe h der Abstand von S zu F:

$$h = \overline{\mathrm{FS}} = |\overrightarrow{\mathrm{FS}}| = \left|\begin{pmatrix} -10 \\ -\frac{2}{5} \\ -\frac{4}{5} \end{pmatrix}\right| = \sqrt{100 + \frac{4}{25} + \frac{16}{25}} \approx 10,04.$$

Somit gilt für die Trapezfläche: $\mathrm{A} = \frac{\overline{\mathrm{EH}}+\overline{\mathrm{FG}}}{2} \cdot h = \frac{\sqrt{80}+\sqrt{45}}{2} \cdot 10,04 \approx 78,57$ FE.
Da 80 % der Dachfläche mit Solarzellen bestückt werden, ergibt sich für die Solarzellenfläche: $\overline{\mathrm{A}} = 0,80 \cdot \mathrm{A} = 0,80 \cdot 78,57 = 62,86$. Somit beträgt die Solarzellenfläche etwa $63\,\mathrm{m}^2$.

10.4 Matrizen – Populationsentwicklung*

Viele Insektenarten vermehren sich nicht nur durch befruchtete Eier, sondern auch durch unbefruchtete Eier. Unter Laborbedingungen entwickelt sich die Population einer solchen Insektenart nach einem stark vereinfachten Modell in drei Entwicklungsstufen. Dabei schlüpfen aus Eiern (E) nach einer Woche Insekten der ersten Entwicklungsstufe (I_1), die nach einer Woche unbefruchtete Eier legen und sich in voll ausgebildete Insekten (I_2) verwandeln. Diese legen nach einer weiteren Woche befruchtete Eier und sterben danach. Gezählt werden neben den Eiern jeweils nur die weiblichen Insekten. Die wöchentliche Entwicklung der Population kann durch den abgebildeten Übergangsgraphen beschrieben werden.

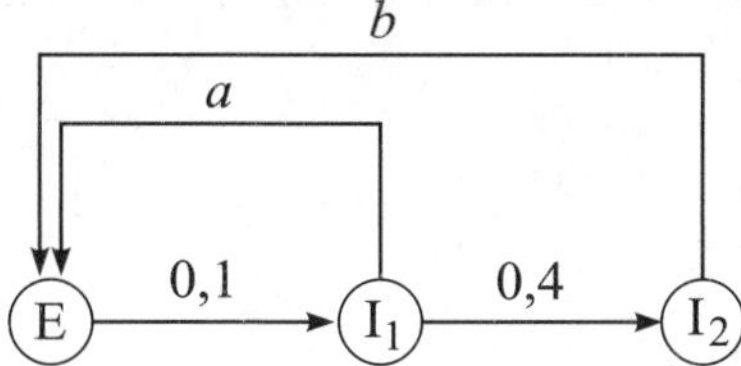

a) Begründe, dass die in dem Übergangsgraphen dargestellte Populationsentwicklung durch die Übergangsmatrix

$$\ddot{U}_{a,b} = \begin{pmatrix} 0 & a & b \\ 0,1 & 0 & 0 \\ 0 & 0,4 & 0 \end{pmatrix}$$

angegeben wird, und erkläre die Bedeutung der Parameter a und b.

b) Ein Laborversuch wird mit 1000 Eiern, aber ohne Insekten der Entwicklungsstufen I_1 und I_2 gestartet. Außerdem gelte $a = 10$ und $b = 5$.
Gib die spezielle Übergangsmatrix an und untersuche die Entwicklung der Population für die folgenden drei Wochen.

c) Nach vier Wochen besteht die in Teilaufgabe b) beobachtete Population aus 1000 Eiern, 20 Insekten der Entwicklungsstufe I_1 und 40 Insekten der Entwicklungsstufe I_2.
Durch einen einmaligen Pestizideinsatz werden 60 % der Eier und 60 % der Insekten jeder der beiden Entwicklungsstufen I_1 und I_2 vernichtet. Zudem geht den Insekten der beobachteten Population dauerhaft die Fähigkeit verloren, auf der Entwicklungsstufe I_1 unbefruchtete Eier zu legen.
Gib die zugehörige Übergangsmatrix an.

*Diese Aufgabe ist der Abiturprüfung NRW aus dem Jahr 2008 entnommen.

Lösungen

a) Es ist zu zeigen, dass die Übergangsmatrix $\ddot{U}_{a,b}$ die Populationsentwicklung beschreibt, die der Graph beschreibt. Dazu berechnet man das Matrix-Vektor-Produkt $\ddot{U}_{a,b} \cdot \vec{x}$.

Der Vektor $\vec{x} = \begin{pmatrix} x_1 \\ x_2 \\ x_3 \end{pmatrix}$ wird als «Populationsvektor» bezeichnet.

Es ist x_1 die Anzahl der Eier am Anfang, x_2 die Anzahl der I_1-Insekten am Anfang und x_3 die Anzahl der I_2-Insekten am Anfang. Das Produkt der Matrix mit dem Vektor ergibt dann die Anzahl Eier, der I_1 und der I_2-Insekten jeweils nach einer Woche an. Es ist:

$$\ddot{U}_{a,b} \cdot \begin{pmatrix} x_1 \\ x_2 \\ x_3 \end{pmatrix} = \begin{pmatrix} 0 & a & b \\ 0,1 & 0 & 0 \\ 0 & 0,4 & 0 \end{pmatrix} \cdot \begin{pmatrix} x_1 \\ x_2 \\ x_3 \end{pmatrix} = \begin{pmatrix} ax_2 + bx_3 \\ 0,1x_1 \\ 0,4x_2 \end{pmatrix}$$

Nach einer Woche sind also $ax_1 + bx_2$ Eier vorhanden. Diese Aussage stimmt mit dem Graphen überein, da jedes I_1-Insekt durchschnittlich a Eier und jedes I_2-Insekt b Eier legt. Dieser Vorgang wird durch die beiden Pfeile beschrieben, die bei E enden.
Es sind außerdem nach einer Woche $0,1x_1$ I_1-Insekten vorhanden. Auch diese Aussage stimmt mit dem Graphen überein, da sich aus jedem Ei durchschnittlich $0,1$ I_1-Insekten entwickeln. Schließlich sind nach einer Woche $0,4x_2$ I_2-Insekten vorhanden. Auch dies stimmt mit dem Graphen überein: Aus jedem I_1-Insekt gehen durchschnittlich $0,4$ I_2-Insekten hervor.
Der Parameter a gibt die durchschnittliche Menge an Eiern an, die von einem I_1-Insekt pro Woche gelegt wird. Der Parameter b gibt die durchschnittliche Menge an Eiern an, die ein I_2-Insekt pro Woche legt.

b) Um die spezielle Übergangsmatrix $\ddot{U}_{10,5}$ anzugeben, werden die Parameter a und b durch die konkreten Zahlen ersetzt:

$$\ddot{U}_{10,5} = \begin{pmatrix} 0 & 10 & 5 \\ 0,1 & 0 & 0 \\ 0 & 0,4 & 0 \end{pmatrix}$$

Da ohne I_1- und I_2-Insekten gestartet wird, enthält der Startvektor nur einen Eintrag in der ersten Zeile. Er lautet: $\begin{pmatrix} 1000 \\ 0 \\ 0 \end{pmatrix}$. Die Anzahl der Eier und Insekten der zwei

Stufen nach einer Woche erhält man durch Berechnung des Matrix-Vektor-Produkts:

$$\begin{pmatrix} 0 & 10 & 5 \\ 0,1 & 0 & 0 \\ 0 & 0,4 & 0 \end{pmatrix} \cdot \begin{pmatrix} 1000 \\ 0 \\ 0 \end{pmatrix} = \begin{pmatrix} 0 \\ 100 \\ 0 \end{pmatrix}$$

Nach einer Woche sind also 100 I_1-Insekten vorhanden. Multipliziert man die Übergangsmatrix $Ü_{10,5}$ nun mit diesem Vektor, erhält man die Verteilung der Population nach der zweiten Woche:

$$\begin{pmatrix} 0 & 10 & 5 \\ 0,1 & 0 & 0 \\ 0 & 0,4 & 0 \end{pmatrix} \cdot \begin{pmatrix} 0 \\ 100 \\ 0 \end{pmatrix} = \begin{pmatrix} 1000 \\ 0 \\ 40 \end{pmatrix}$$

Nach zwei Wochen sind demnach 1000 Eier und 40 I_2-Insekten vorhanden. Für die dritte Woche berechnet man

$$\begin{pmatrix} 0 & 10 & 5 \\ 0,1 & 0 & 0 \\ 0 & 0,4 & 0 \end{pmatrix} \cdot \begin{pmatrix} 1000 \\ 0 \\ 40 \end{pmatrix} = \begin{pmatrix} 200 \\ 100 \\ 0 \end{pmatrix}$$

Nach drei Wochen besteht die Population also aus 200 Eiern und 100 I_1-Insekten.

Seite 48

Mit [MENU] [4] [1] [3] [3] wird das Eingabefenster für eine 3 × 3 - Matrix aufgerufen. Du gibst nun die Koeffizienten ein und verlässt die Eingabe anschließend mit [AC].

Du benutzt jetzt [OPTN] [1] [2] [3] [1], um den Startvektor als 3 × 1-Matrix einzugeben und verlässt das Eingabefenster mit [AC].

Mit [OPTN] [3] und [OPTN] [4] kannst du jetzt die beiden Matrizen für die Multiplikation aufrufen.

Das Ergebnis wird rechts angezeigt, für die weiteren Multiplikationen kannst du mit [OPTN] [2] [2] die Matrix MatB, d.h. den Vektor bearbeiten und die Koeffizienten anpassen.

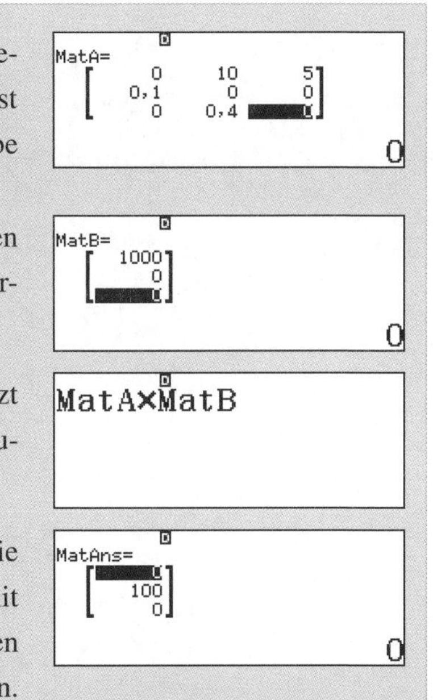

c) Für die Einträge in der Übergangsmatrix sind die konkreten Bestände nicht relevant, daher bewirkt der Pestizideinsatz bei der Übergangsmatrix nur eine Änderung in Bezug auf die Fähigkeit, Eier legen zu können. Da die I_1-Insekten keine Eier mehr legen können, muss für die variierte Übergangsmatrix $a = 0$ gelten, d.h.

$$\text{Ü}_{0,5} = \begin{pmatrix} 0 & 0 & 5 \\ 0,1 & 0 & 0 \\ 0 & 0,4 & 0 \end{pmatrix}$$

10.5 Matrizen – Konservenfabrik

In einer Konservenfabrik werden aus den Rohstoffen R_1, R_2 und R_3 die Zwischenprodukte Z_1, Z_2 und Z_3 und aus diesen wiederum die Endprodukte E_1, E_2 und E_3 hergestellt. Der Materialfluss in Tonnen (t) wird durch folgende Tabellen beschrieben:

	Z_1	Z_2	Z_3
R_1	0,7	0,3	0,8
R_2	0,5	0,6	0,2
R_3	0,2	0,9	0,6

	E_1	E_2	E_3
Z_1	0,4	0,2	0,8
Z_2	0,4	0,7	0,2
Z_3	0,3	0,2	0,1

Je Tonne entstehen Rohstoff- bzw. Herstellungskosten in € gemäß folgender Tabelle:

R_1	R_2	R_3	Z_1	Z_2	Z_3	E_1	E_2	E_3
350	100	250	850	650	780	960	880	530

a) Zeichne ein Verflechtungsdiagramm des Gesamtprozesses.

b) Gib die Matrix an, die den Übergang von Rohstoffen zu Endprodukten beschreibt.

c) Ein Händler erteilt einen Auftrag über 18 t des Endprodukts E_1, 10 t des Endprodukts E_2 und 14 t des Endprodukts E_3. Welche Mengen an Rohstoffen sind dafür nötig?

d) Welche Rohstoffkosten entstehen?

e) Bei diesem Auftrag entstehen ferner Fixkosten in Höhe von 2100 €. Berechne die Gesamtkosten für diesen Auftrag.

Lösung

a) Aus den beiden Tabellen ergibt sich folgendes Verflechtungsdiagramm:

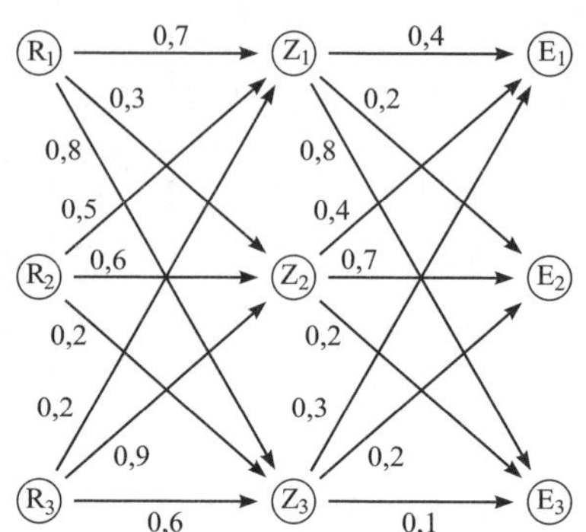

b) Die Matrix A für den Prozess von Rohstoffen zu Zwischenprodukten hat folgende Form:

$$A = \begin{pmatrix} 0,7 & 0,3 & 0,8 \\ 0,5 & 0,6 & 0,2 \\ 0,2 & 0,9 & 0,6 \end{pmatrix}$$

Die Matrix B für den Prozess von Zwischenprodukten zu Endprodukten hat folgende Form:

$$B = \begin{pmatrix} 0,4 & 0,2 & 0,8 \\ 0,4 & 0,7 & 0,2 \\ 0,3 & 0,2 & 0,1 \end{pmatrix}$$

Die Übergangsmatrix C für den Prozess von Rohstoffen zu Endprodukten erhält man durch Matrizenmultiplikation mit Hilfe des Rechners:

$$C = A \cdot B = \begin{pmatrix} 0,7 & 0,3 & 0,8 \\ 0,5 & 0,6 & 0,2 \\ 0,2 & 0,9 & 0,6 \end{pmatrix} \cdot \begin{pmatrix} 0,4 & 0,2 & 0,8 \\ 0,4 & 0,7 & 0,2 \\ 0,3 & 0,2 & 0,1 \end{pmatrix} = \begin{pmatrix} 0,64 & 0,51 & 0,7 \\ 0,5 & 0,56 & 0,54 \\ 0,62 & 0,79 & 0,4 \end{pmatrix}$$

Seite 48

Mit [MENU] [4] [1] [3] [3] wird das Eingabefenster für eine 3 × 3 - Matrix aufgerufen. Du gibst nun die Koeffizienten ein und verlässt die Eingabe anschließend mit [AC].

Du gibst die Matrix B mit [OPTN] [1] [2] [3] [3] ein und verlässt das Eingabefenster danach mit [AC].

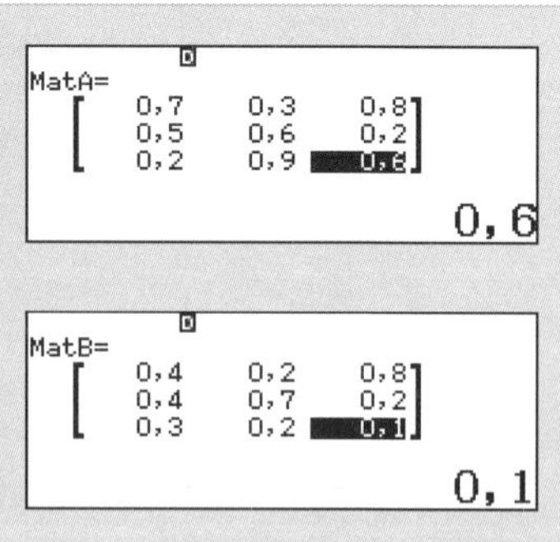

Mit [OPTN] [3] und [OPTN] [4] kannst du jetzt die beiden Matrizen aufrufen und startest die Berechung mit [=].

Das Ergebnis wird rechts angezeigt, um dieses als Matrix C zu speichern, tippst du [STO] [C]. Mit [AC] verlässt du die Berechnung.

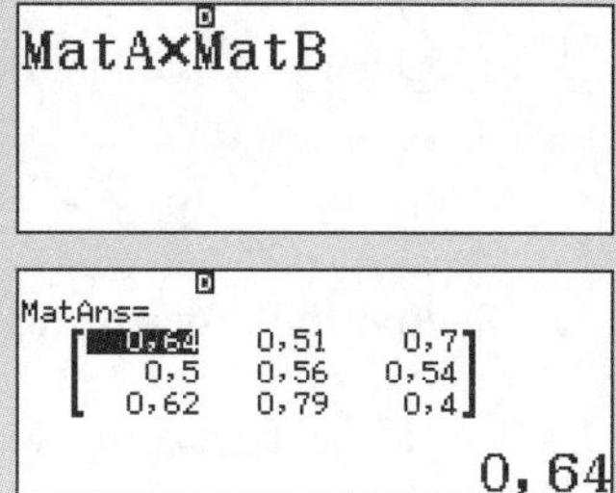

c) Den Bedarf an Rohstoffen, den Inputvektor $\begin{pmatrix} r_1 \\ r_2 \\ r_3 \end{pmatrix}$, erhält man, indem man die Matrix C mit dem gegebenen Outputvektor $\begin{pmatrix} 18 \\ 10 \\ 14 \end{pmatrix}$ multipliziert:

$$\begin{pmatrix} r_1 \\ r_2 \\ r_3 \end{pmatrix} = \begin{pmatrix} 0{,}64 & 0{,}51 & 0{,}7 \\ 0{,}5 & 0{,}56 & 0{,}54 \\ 0{,}62 & 0{,}79 & 0{,}4 \end{pmatrix} \cdot \begin{pmatrix} 18 \\ 10 \\ 14 \end{pmatrix} = \begin{pmatrix} 26{,}42 \\ 22{,}16 \\ 24{,}66 \end{pmatrix}$$

Für den Auftrag benötigt man also 26,42 t von R_1, 22,16 t von R_2 und 24,66 t von R_3.

Seite 48

Die Matrix wurde in der vorherigen Teilaufgabe als Ergebnismatrix C gespeichert, also muss du nur noch den Vektor als MatD definieren mit [OPTN] [1] [4].
Du wählst 3 Zeilen und 1 Spalte, da es sich um eine 3 × 1 - Matrix handelt und gibst die Koeffizienten ein. Mit [AC] verlässt du das Eingabefenster.

Mat. definieren
1:MatA 2:MatB
3:MatC 4:MatD

MatD=
18
10
14
14

Mit [OPTN] [5] und [OPTN] [6] kannst du jetzt die beiden Matrizen aufrufen und startest die Berechung mit [=].

MatC×MatD

Das Ergebnis wird rechts angezeigt.

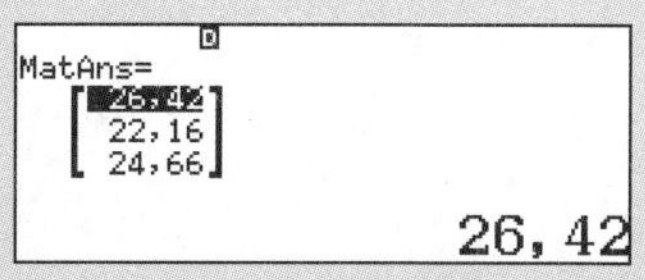

d) Um die Rohstoffkosten K_R zu berechnen, müssen die berechneten Mengen mit den angegebenen Kosten multipliziert werden:

$$K_R = 26,42 \cdot 350 + 22,16 \cdot 100 + 24,66 \cdot 250 = 17628$$

Die Rohstoffkosten betragen somit 17 628 €.

e) Die Herstellungskosten K_{ges} setzen sich zusammen aus den Rohstoffkosten (K_R), den Zwischenproduktkosten (K_{Zw}), den Endproduktkosten (K_E) und den Fixkosten (K_F):

$$K_{ges} = K_R + K_{Zw} + K_E + K_F$$

Um die Zwischenproduktkosten zu ermitteln, benötigt man zuerst den Bedarf an Zwischenprodukten $\begin{pmatrix} z_1 \\ z_2 \\ z_3 \end{pmatrix}$. Diesen erhält man, indem man die Matrix B mit dem gegebenen Outputvektor $\begin{pmatrix} 18 \\ 10 \\ 14 \end{pmatrix}$ multipliziert:

$$\begin{pmatrix} z_1 \\ z_2 \\ z_3 \end{pmatrix} = \begin{pmatrix} 0,4 & 0,2 & 0,8 \\ 0,4 & 0,7 & 0,2 \\ 0,3 & 0,2 & 0,1 \end{pmatrix} \cdot \begin{pmatrix} 18 \\ 10 \\ 14 \end{pmatrix} = \begin{pmatrix} 20,4 \\ 17 \\ 8,8 \end{pmatrix}$$

Für den Auftrag werden also 20,4 t von Z_1, 17 t von Z_2 und 8,8 t von Z_3 benötigt.
Die Zwischenproduktkosten betragen damit:

$$K_{Zw} = 20,4 \cdot 850 + 17 \cdot 650 + 8,8 \cdot 780 = 35254$$

Die Endproduktkosten betragen:

$$K_E = 18 \cdot 960 + 10 \cdot 880 + 14 \cdot 530 = 33500$$

Die Fixkosten betragen $K_F = 2100$ €.
Somit betragen die Gesamtkosten:

$$K_{ges} = K_R + K_{Zw} + K_E + K_F = 17628 + 35254 + 33500 + 2100 = 88482$$

Seite 48

MatB befindet sich noch im Speicher, auch der Outputvekter wurde als MatD gespeichert, daher müssen keine Daten neu eingegeben werden.

Mit [OPTN] [4] und [OPTN] [6] kannst du jetzt die beiden Matrizen aufrufen und startest die Berechung mit [=].

Das Ergebnis wird rechts angezeigt.

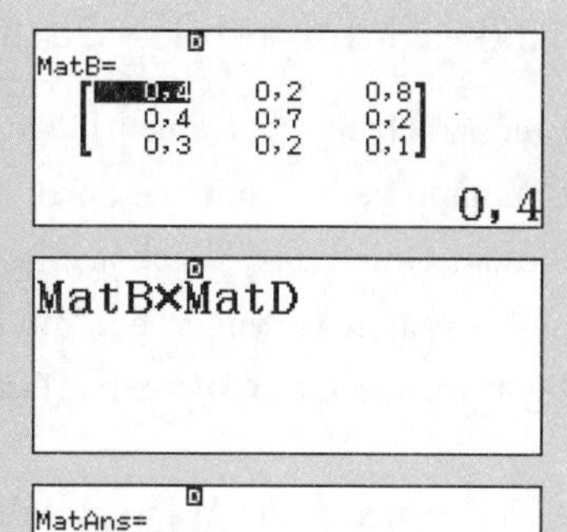

10.6 Stochastik – Baumarkt

Eine Erhebung über einen längeren Zeitraum hat ergeben, dass 15 % der Besucher einen Baumarkt verlassen, ohne einen Einkauf getätigt zu haben. Die Firmenleitung erweitert aus diesem Grund das Angebot. Sie vermutet, dass sich der Anteil der Baumarktbesucher, die nichts kaufen, verringert hat. Zur Erfolgskontrolle wird das Einkaufsverhalten von 100 zufällig ausgewählten Besuchern erfasst.

a) Berechne die Wahrscheinlichkeit dafür, dass weniger als 12 der erfassten Besucher ohne Einkauf aus dem Baumarkt gehen, vorausgesetzt, dass sich das Einkaufsverhalten nicht geändert hat.

b) Die Vermutung der Firmenleitung soll auf dem Signifikanzniveau von 5 % getestet werden.
Entwickle einen geeigneten Hypothesentest und gib die Entscheidungsregel an.

Lösung

a) Man legt X als Zufallsvariable für die Anzahl der Personen unter 100 zufällig ausgewählten Baumarktbesuchern fest, welche das Geschäft verlassen, ohne einen Einkauf getätigt zu haben. Unter der Voraussetzung, dass sich das Einkaufsverhalten trotz des erweiterten Angebotes nicht verändert hat und die Einkäufer unabhängig voneinander agieren, ist X binomialverteilt mit $n = 100$ und Trefferwahrscheinlichkeit $p = 0,15$.
Die Wahrscheinlichkeit, dass weniger als 12 der 100 erfassten Besucher ohne Einkäufe aus dem Fachmarkt gehen, erhält man mit Hilfe des Rechners:

$$P(X < 12) = P(X \leqslant 11) \approx 0,163 \approx 16,3\,\%$$

Mit einer Wahrscheinlichkeit von etwa 16,3% gehen weniger als 12 der erfassten Besucher ohne Einkauf aus dem Baumarkt.

Seite 38

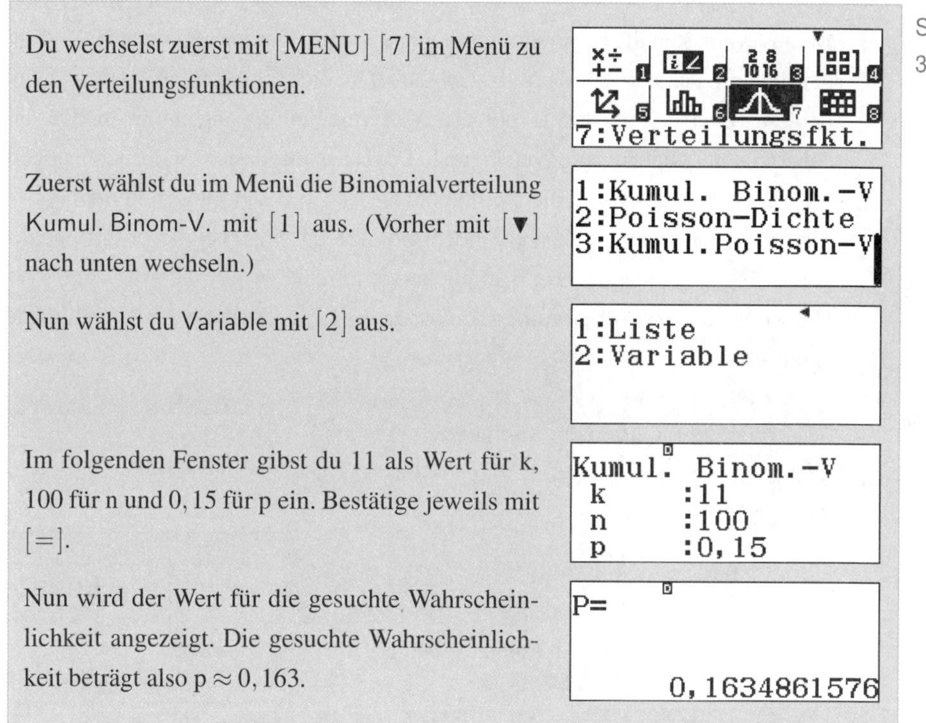

Du wechselst zuerst mit [MENU] [7] im Menü zu den Verteilungsfunktionen.

Zuerst wählst du im Menü die Binomialverteilung Kumul. Binom-V. mit [1] aus. (Vorher mit [▼] nach unten wechseln.)

Nun wählst du Variable mit [2] aus.

Im folgenden Fenster gibst du 11 als Wert für k, 100 für n und 0, 15 für p ein. Bestätige jeweils mit [=].

Nun wird der Wert für die gesuchte Wahrscheinlichkeit angezeigt. Die gesuchte Wahrscheinlichkeit beträgt also $p \approx 0,163$.

b) Um zu überprüfen, ob die Vermutung der Firmenleitung gerechtfertigt ist, dass sich der Anteil der Nicht-Käufer verringert hat, verwendet man einen Hypothesentest.
Man legt wieder X als Zufallsvariable für die Anzahl der Personen unter 100 zufällig ausgewählten Baumarktbesuchern fest, welche das Geschäft verlassen, ohne einen Einkauf getätigt zu haben. X ist binomialverteilt mit $n = 100$ und Trefferwahrscheinlichkeit $p = 0,15$.

Die Nullhypothese lautet in diesem Fall: «Der Anteil der Nicht-Käufer hat sich nicht verändert», also: $H_0: \ p = 0,15$ mit der Irrtumswahrscheinlichkeit $\alpha = 5\%$. Die Alternativ-hypothese lautet: $H_1: p < 0,15$.

Wegen $H_1: p < 0,15$ handelt es sich um einen linksseitigen Hypothesentest .

Für die Entscheidungsregel ist deshalb ein maximales $k \in \mathbb{N}$ und damit ein Ablehnungsbereich $\overline{A} = \{0,...,k\}$ der Nullhypothese so zu bestimmen, dass gilt:

$$P(X \leqslant k) \leqslant 0,05$$

Für $n = 100$ und $p = 0,15$ erhält man mit Hilfe einer Liste:

$$P(X \leqslant 8) \approx 0,027$$

$$P(X \leqslant 9) \approx 0,055$$

Also ist $k = 8$ das maximale $k \in \mathbb{N}$ und man erhält damit den Ablehnungsbereich $\overline{A} = \{0;..;8\}$ und dementsprechend den Annahmebereich $A = \{9;...;100\}$.

Daraus ergibt sich die folgende Entscheidungsregel: Werden unter den 100 zufällig ausgewählten Besuchern weniger als 9 angetroffen, die nichts kaufen, so wird die Nullhypothese verworfen und die Hypothese der Firmenleitung angenommen, d.h. dass sich der Anteil der Nicht-Käufer verringert hat. Werden mindestens 9 Besucher angetroffen, die nichts kaufen, so wird die Nullhypothese $H_0: \ p = 0,15$ angenommen.

Mit einer Wahrscheinlichkeit von höchstens 5 % gibt man bei dieser Entscheidungsregel der Firmenleitung hierbei irrtümlicherweise recht.

Um das gesuchte k zu bestimmen, kannst du die Listenfunktion der Binomialverteilung benutzen:

Seite 38

Du rufst die Funktion der kumulierten Binomialverteilung Kumul. Binom. – V auf, wählst in diesem Fall aber Liste.

In die Tabelle gibst du die Werte für k ein. Aus a) folgt, dass k kleiner als 11 sein muss, da $P(X \leqslant 11) \approx 0,163$. Bestätige jeweils mit [=].

Du bestätigst ein weiteres Mal mit [=] und gibst die Werte für n und p ein. Bestätige mit [=].

Die Berechnung kann einige Sekunden dauern. Anhand der Tabelle kannst du sehen, dass für $k = 9$ der Wert von 0,05 überschritten wurde.

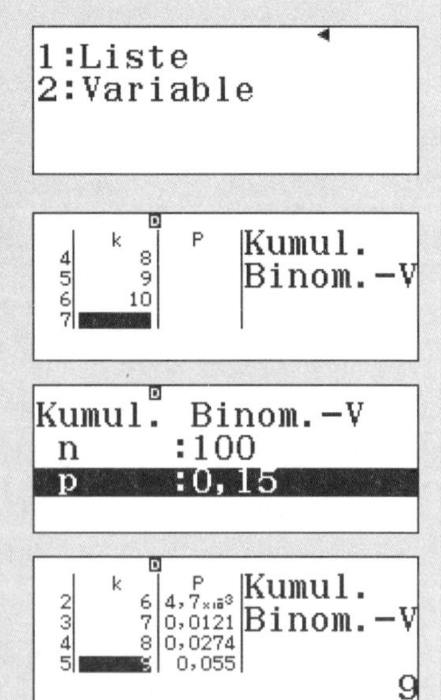

11 Einstellungen

Die Einstellungen des Taschenrechners können im Einstellungsmodus geändert werden. In diesen gelangst du durch Drücken der Taste ^{S} [SETUP].

```
1:Eingabe/Ausgabe
2:Winkeleinheit
3:Zahlenformat
4:Dezimalpräfixe
```

Eingabe- und Ausgabeformate

Die Einstellungen der Ein- und Ausgabeformate Eingabe/Ausgabe rufst du im Setup auf mit [1].

```
1:Math  --> Math
2:Math  --> Dezim.
3:Lin.  --> Linear
4:Lin.  --> Dezim.
```

Der Rechner besitzt verschiedene Ausgabeformate: Das «Math-Format», das «Dezim.-Format» und das «Linear-Format». Ist das Math-Format (die sog. «natürliche Darstellung») aktiv, werden Brüche als Brüche ein- und ausgegeben. Irrationale Zahlen werden exakt ausgegeben, also z.B. als $\sqrt{2}$.

Im «Dezim.-Format» erfolgt die Ausgabe als Dezimalwert.

Im «Linear-Format» werden Brüche in einer Zeile eingegeben und dargestellt, irrationale Zahlen können als Bruch (Ausgabe Linear) oder als dezimale Näherungswerte (Ausgabe Dezim.) ausgegeben werden.

In der Regel wirst du – je nach Aufgabe die Formate Math --> Math oder Math --> Dezim. benutzen. Z.B. eignet sich Math --> Dezim. gut, wenn du Aufgaben zum Prozentrechnen oder Zinsaufgaben bearbeitest.

Der Screenshot rechts zeigt die Eingabe und Ausgabe eines Bruchs im Linearen Format. Im Auslieferungszustand ist das «Math --> Math-Format» eingestellt.

```
1⌟2+1⌟4
                3⌟4
```

Um die Formate einzustellen, benutzt du im Setup-Modus [1] für Math --> Math oder [2] für Math --> Dezim.

```
1:Math  --> Math
2:Math  --> Dezim.
3:Lin.  --> Linear
4:Lin.  --> Dezim.
```

- Im Math --> Math- Modus werden die Ergebnisse immer zuerst als Bruch angezeigt, mit [S⇔D] kannst du dann zur dezimalen Darstellung wechseln.
- Wenn du das Ergebnis direkt als Dezimalzahl erhalten willst, nutzt du nicht [=] sondern ^{S} [≈], du tippst also erst die Taste [SHIFT] und dann [=].

Brüche

Brüche können als «gemischte Zahlen» oder als «unechte Brüche» angezeigt werden. Dazu tippst du im Setup-Modus zuerst [▼], um zu den weiteren Einstellungen zu gelangen.

Nun wählst du Bruchergebnis mit [1]. Im nächsten Schritt kannst du das gewünschte Format einstellen.

```
1:Bruchergebnis
2:Komplexe Zahlen
3:Statistik
4:Tabellenkalk.
```

Für die Darstellung als gemischte Zahlen wählst du [1], für die Darstellung als unechte Brüche wählst du [2].

```
1:ab/c
2:d/c
```

Die Dezimalanzeige

Der Taschenrechner kann so eingestellt werden, dass periodische Dezimalzahlen als periodische Dezimalzahlen mit einem Periodenstrich oder gerundet angezeigt werden. Im Setup-Modus wechselst du zuerst auf die dritte Seite mit [▼].

Nun wählst du mit [3] den Menüpunkt Period. Darst.

```
1:Gleichung/Funkt
2:Tabellen
3:Period. Darst.
4:1000er-Trennung
```

Nun kannst du die Anzeige mit Periodenstrich ein- und ausschalten.

```
Period. Darst.?
1:Ein
2:Aus
```

1000er Trennung

Bei großen Zahlen kann es hilfreich sein, die 1000er Trennung einzuschalten. Wenn diese eingeschaltet ist, werden die Zahlen bei der Ausgabe so angezeigt, dass zwischen den Tausendern etwas mehr Platz gelassen wird. So kann man große Zahlen besser ablesen.

Im Setup-Modus wechselst du zuerst auf die dritte Seite mit [▼].

Nun wählst du mit [4] den Menüpunkt 1000er-Trennung.

```
1:Gleichung/Funkt
2:Tabellen
3:Period. Darst.
4:1000er-Trennung
```

Nun kannst du die Anzeige mit Tausendertrennung ein- und ausschalten.

```
1000er-Trennung?
1:Ein
2:Aus
```

Zahlenformat

Im Menüpunkt Zahlenformat kannst du einstellen, in welcher Form die Rechenergebnisse angezeigt werden sollen.

Fix

Normalerweise zeigt das Gerät 10 Stellen an. Um einzustellen, auf wie viele Stellen hinter dem Komma gerundet werden soll, wählst du im Setup mit [3] den Menüpunkt Zahlenformat und dann Fix.

Nun kannst du die Stellenanzahl festlegen. Die Zahlen werden dann automatisch auf- und abgerundet.

```
1:Fix
2:Sci
3:Norm
Fix:0~9 wählen
```

! Diese Einstellung ist mit Vorsicht zu verwenden, da die Zahlen dann *immer* gerundet angezeigt werden. In die Standardeinstellung gelangst du durch einen Reset des Rechners.

Sci

In der Sci-Einstellung kann eingestellt werden, wie viele Stellen des Rechenergebnisses angezeigt werden sollen, die sogenannte «Mantisse».

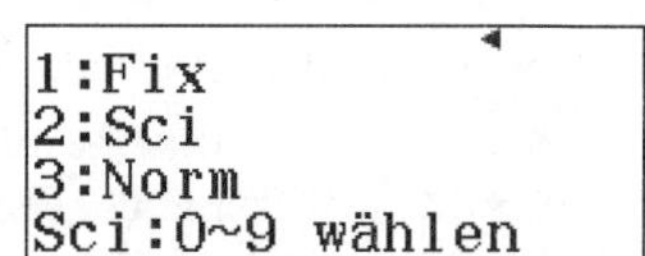

Norm

Es gibt zwei Möglichkeiten der Exponentialschreibweise für kleine Ergebnisse. Um diese auszuwählen, gibst du in der Auswahl [3] ein.

```
1:Fix
2:Sci
3:Norm
Norm:1~2 wählen
```

- Norm 1: In dieser Einstellung werden alle Ergebnisse, die kleiner als $\frac{1}{100}$ sind, in der Exponentialdarstellung angezeigt.
- Norm 2: In dieser Einstellung werden alle Ergebnisse (solange sie nicht kleiner als 0,000000001 sind) als Dezimalzahl angezeigt.

  Norm 2 ist in der Regel die Einstellung, bei der du die Ergebnisse «besser» ablesen kannst.

Winkeleinheiten

Der Taschenrechner ist im Auslieferungszustand und nach einem Reset auf das Gradmaß («Degree») eingestellt. Die aktuelle Einstellung kannst du in der Statuszeile ganz oben im Display ablesen. Dabei steht «D» für die Gradeinstellung und «R» für Bogenmaß. («G» bzw. G steht für Neugrad, dieses Winkelmaß wird vor allem in der Vermessungstechnik benutzt.)

Die Winkelmaße werden im ^{S}[SETUP] im Menüpunkt Winkeleinheit eingestellt, den du mit [2] aufrufst.

```
1:Gradmaß (D)
2:Bogenmaß (R)
3:Gon (G)
```

Anzeigekontrast

Um den Kontrast des Anzeigefensters zu ändern, gehst du im Setup-Modus zuerst mit dreimal [▼] zu den weiteren Einstellungen.

Mit [4], Kontrast, rufst du das Menü für die Kontrasteinstellung auf. Mit [◄] und [►] veränderst du die Kontrasteinstellungen.

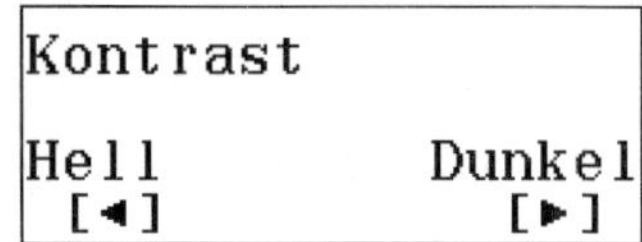

Fehlermeldungen

Wenn das Gerät eine Fehlermeldung anzeigt, lohnt es sich, diese genauer anzuschauen, denn es gibt verschiedene Arten der Fehlermeldungen.

- Syntaxfehler: Bei der Eingabe ist ein Fehler passiert ; z.B. wenn 2 [+] [×] 5 [=] eingegeben wurde. Mit [◄] springt der Cursor automatisch an die Fehlerstelle.

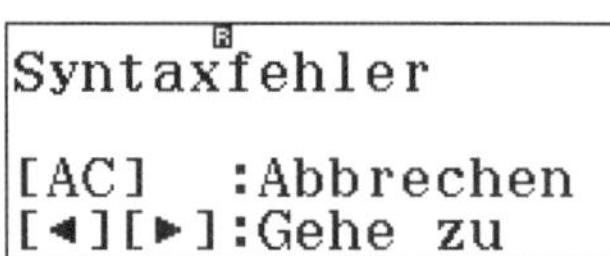

- Mathem. Fehler: Die Rechnung lässt sich nicht ausführen. Zum Beispiel führt die Eingabe von $\frac{12}{0}$ zu einem Mathem. Fehler, da man nicht durch Null teilen kann.

```
Mathem. Fehler

[AC]   :Abbrechen
[◄][►]:Gehe zu
```

Zurücksetzen des Geräts

Wenn du das Gerät zurücksetzen willst, z.B. um alle Variablen zu löschen, gehst du wie folgt vor: Zuerst tippst du ^{S}[RESET].

Mit [1] werden die Einstellungen zurückgesetzt. Mit [2] werden Speicher und Variablen gelöscht und mit [3] beides. Anschließend bestätigst du mit [=] und [AC].

```
Zurücksetzen?
1:Setupdaten
2:Speicher
3:Alle initialis.
```

Lösungen der Aufgaben

1.1 Erste Rechnungen

a) $7+25=32$ b) $23-21=2$ c) $12+3-24=-9$

d) $-5+(-8)=-13$ e) $-7\cdot 11=-77$ f) $3\cdot(-17)=-51$

1.4 Mehrere Rechenschritte hintereinander

a) Zuerst multiplizierst du $134\cdot 12$ und erhältst 1608.

```
134×12
                1608
```

Du kannst nun direkt weiterrechnen, Ans wird automatisch eingefügt.

```
134×12
                1608
Ans÷8
                 201
```

b) Zuerst führst du die angegebene Berechnung von $122\cdot 12+16$ durch und erhältst 1480.

```
122×12+16
                1480
```

Auch hier kannst du direkt weiterrechnen, Ans wird automatisch eingefügt.

```
122×12+16
                1480
Ans÷4
                 370
```

c) Zuerst führst du die angegebene Berechnung von $14\cdot 7$ durch und erhältst 98.

```
14×7
                  98
```

Auch hier kannst du direkt weiterrechnen, Ans wird automatisch eingefügt, du erhältst 64.

```
14×7
                  98
Ans−34
                  64
```

Nun musst du noch durch 16 teilen, Ans wird wieder automatisch eingefügt, das Ergebnis ist 4.

```
Ans−34
                  64
Ans÷16
                   4
```

2.2 Rechnen mit Brüchen

a) I) $\frac{1}{4}+\frac{1}{6} = \frac{5}{12}$

II) $\frac{7}{3}-\frac{8}{4} = \frac{1}{3}$

III) $\frac{1}{4}\times\frac{1}{6} = \frac{1}{24}$

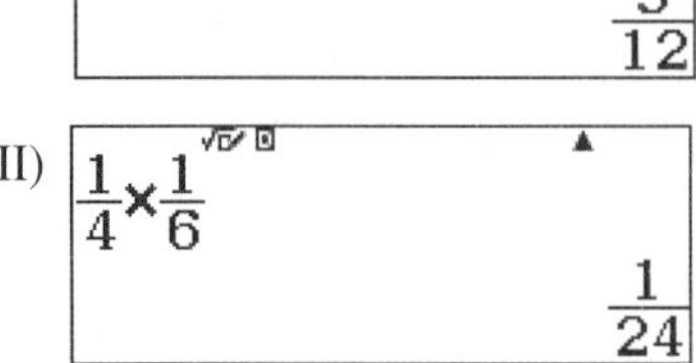

b) I) Du berechnest zuerst die Summe wie in der vorhergehenden Aufgabe und erhältst $\frac{19}{12}$.

Anschließend wandelst du das Ergebnis mit Hilfe von $^{S}\left[a\frac{b}{c} \Leftrightarrow \frac{d}{c}\right]$ in eine gemischte Zahl um und erhältst $1\frac{7}{12}$.

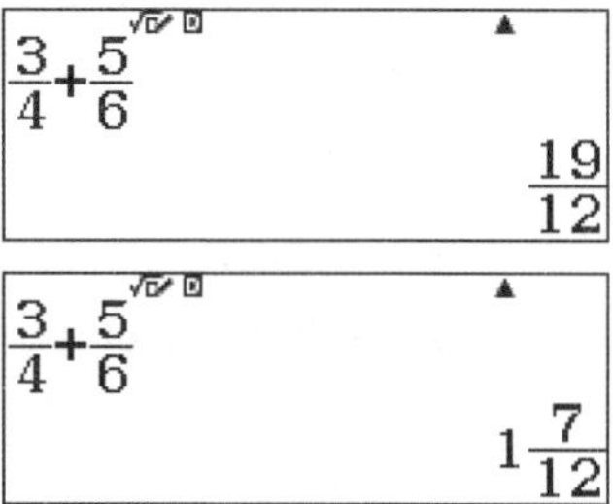

II) Du gehst vor wie in Aufgabe I) und erhältst $-\frac{41}{28}$ bzw. als gemischte Zahl $-1\frac{13}{28}$.

III) Du gehst vor wie in Aufgabe I) und erhältst $\frac{19}{8}$ bzw. als gemischte Zahl $2\frac{3}{8}$.

c) I) Du berechnest zuerst die Summe wie in der vorhergehenden Aufgabe und erhältst $\frac{9}{20}$.

Anschließend wandelst du das Ergebnis mit Hilfe von $[S \Leftrightarrow D]$ in eine Dezimalzahl um und erhältst $0,45$.

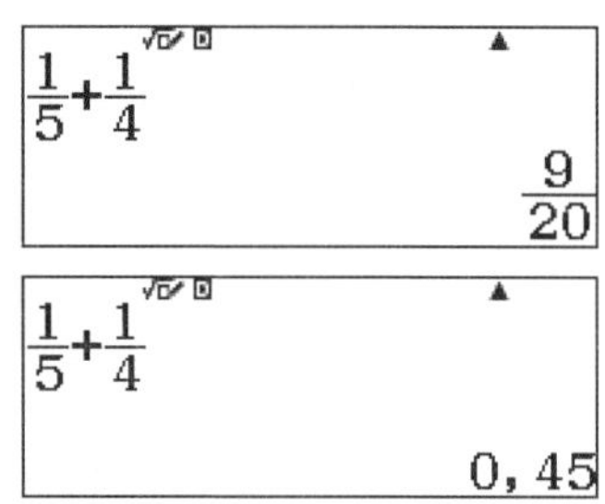

II) Du gehst vor wie bei I) und erhältst $\frac{5}{6}$ bzw. als Dezimalzahl $0,83$ (gerundet).

III) Du gehst vor wie bei I) und erhältst $\frac{9}{7}$ bzw. als Dezimalzahl $1,29$ (gerundet).

2.3 kgV und ggT

a) Um das kgV zu berechnen, nutzt du ^{A}[LCM] und gibst die beiden Zahlen ein, getrennt durch ^{S}[;]. Schließe die Eingabe mit [=].

Um den ggT zu berechnen, nutzt du ^{A}[GCD] und gibst die beiden Zahlen ein, getrennt durch ^{S}[;]. Schließe die Eingabe mit [=].

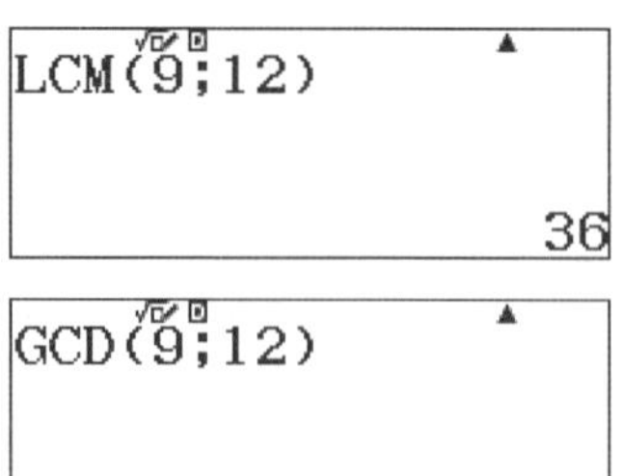

b) Um das kgV zu berechnen, benutzt du ^{A}[LCM] und gibst die beiden Zahlen ein, getrennt durch ^{S}[;]. Schließe die Eingabe ab mit [=].

Um den ggT zu berechnen, benutzt du ^{A}[GCD] und gibst die beiden Zahlen ein, getrennt durch ^{S}[;]. Schließe die Eingabe ab mit [=].

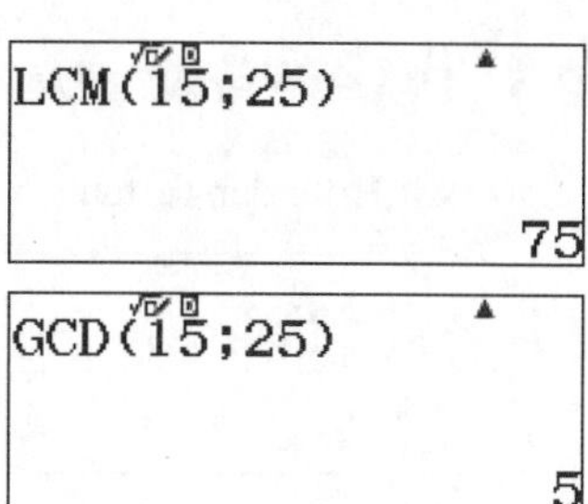

2.4 Der Variablenspeicher

a) Zuerst speicherst du 3,5 durch Drücken von [STO] [A] als Variable A.

Nun löschst du den Bildschirm mit [AC] und gibst den zweiten Teil der Aufgabe ein (mit ^{S}[RECALL] [A] oder ^{A}[A]). Das Ergebnis ist $-\frac{21}{4}$.

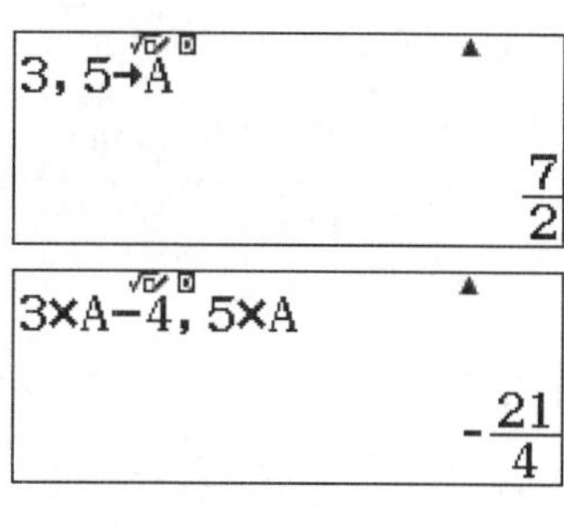

Nach der Umwandlung mit [S⇔D] erhältst du −5,25.

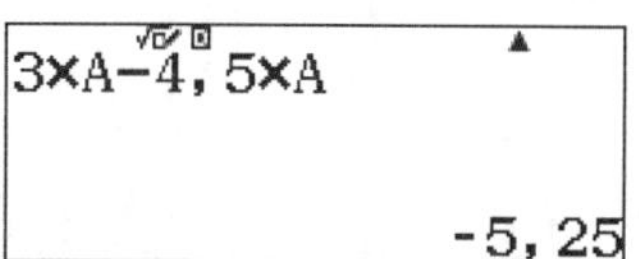

b) Zuerst speicherst du 2,2 durch Drücken von [STO] [A] als Variable A.

Anschließend speicherst du $\frac{1}{4}$ mit [STO] [B] als Variable B.

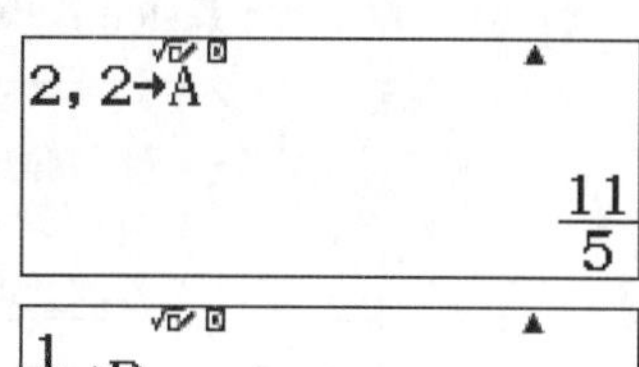

Nun löschst du den Bildschirm mit [AC] und gibst den zweiten Teil der Aufgabe ein (mit ^{S}[RECALL] [A] oder ^{A}[A]). Das Ergebnis ist $\frac{161}{5}$.

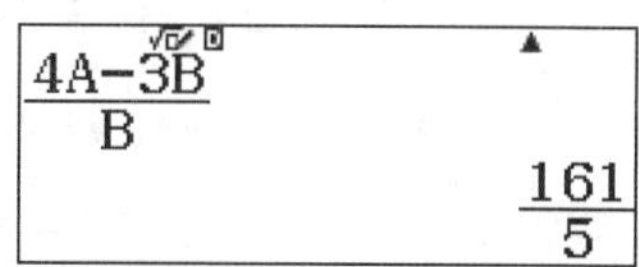

Nach der Umwandlung mit ^{S}[$a\frac{b}{c} \Leftrightarrow \frac{d}{c}$] erhältst du $32\frac{1}{5}$, mit [S⇔D] erhältst du −32,2.

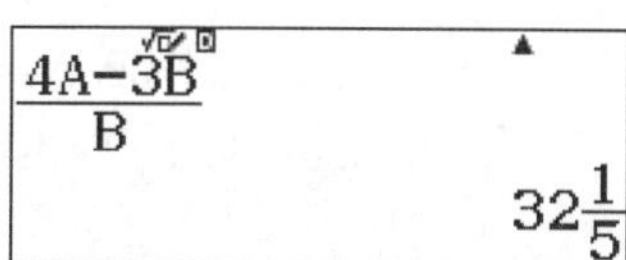

2.5 Potenzieren und Wurzelziehen

a) Mit Hilfe der Tasten [x^2], ^{S}[x^3] und [$x^{■}$] erhältst du:

I) 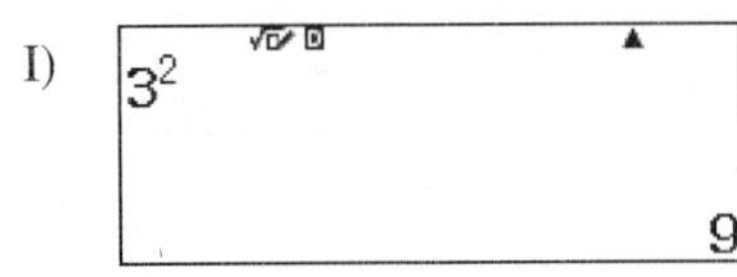

II) 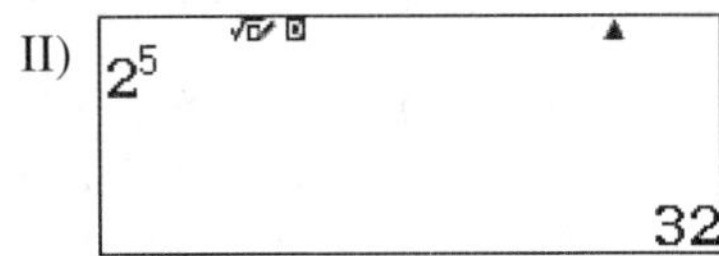

III) 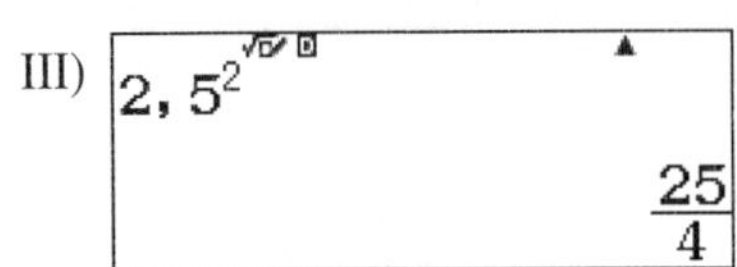

b) Beachte die Klammern beim Quadrieren:

I) 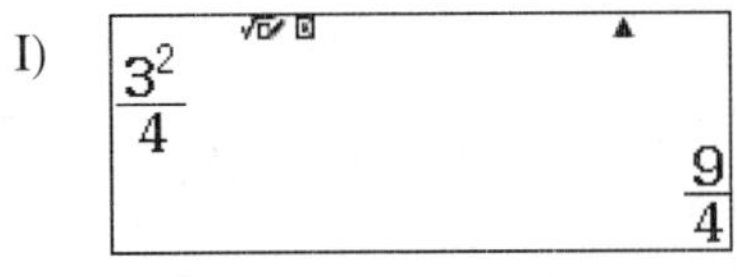

II) 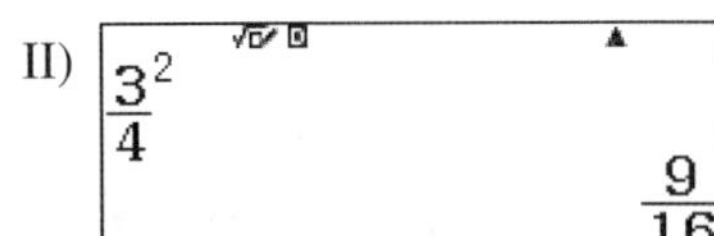

III) 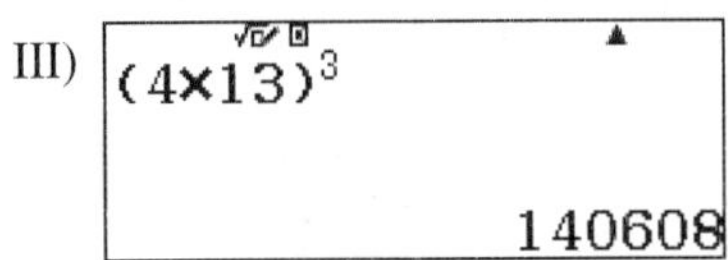

c) Mit Hilfe der Tasten [$\sqrt{■}$], ^{S}[$\sqrt[3]{■}$], ^{S}[$\sqrt[■]{□}$] und [S⇔D] erhältst du:

I) 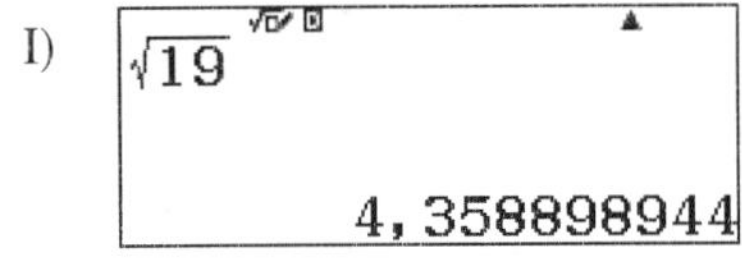

II) 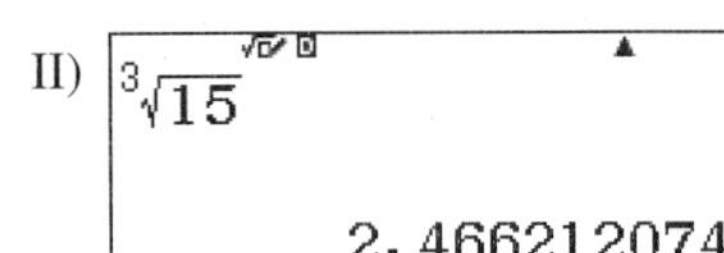

III) 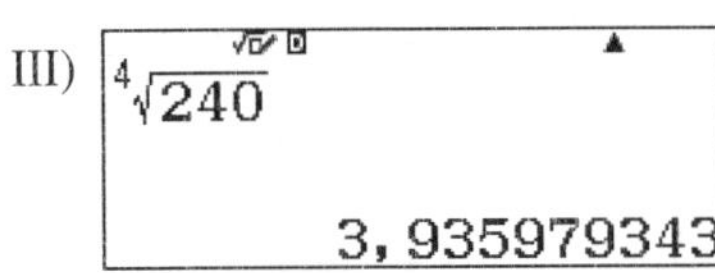

d) Zuerst berechnest du $32{,}5 \cdot 17{,}12$ und erhältst $\frac{2782}{5}$.

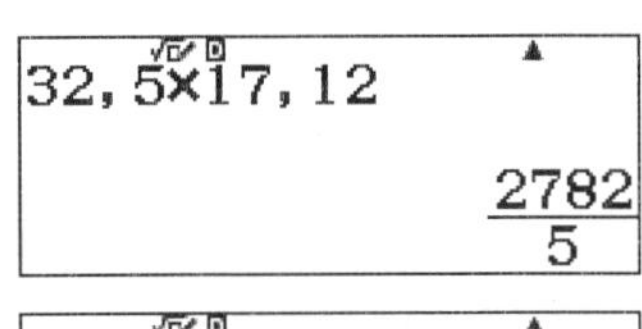

Um die Wurzel aus diesem Ergebnis zu ziehen, verwendest du die [Ans]-Taste.

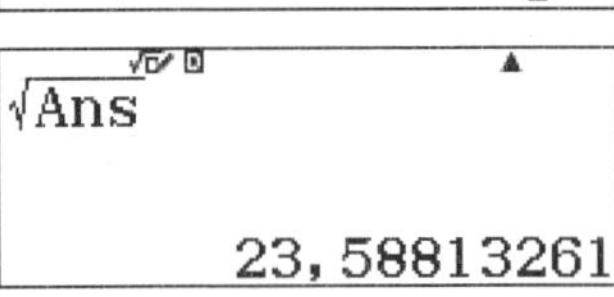

e) Bei der Eingabe verlässt du die Wurzel nach der Eingabe von 289 mit [▶].

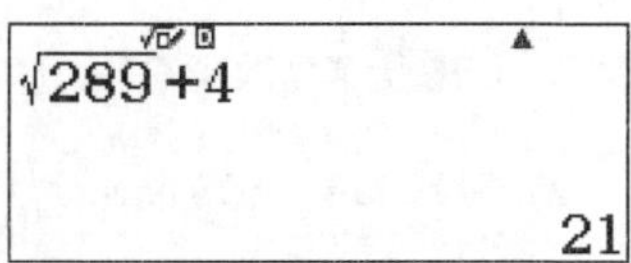

2.8 Einheiten umrechnen und Konstanten

a) Um 65 Meilen in km umzurechnen gibst du «65» ein. Nun rufst du die Einheitenumrechnung mit^{S} [CONV] auf. Du wählst Länge mit [1] aus.

1:Länge
2:Fläche
3:Volumen
4:Winkel

Du wählst mit [7] die Umrechnung mile ▶ km aus.

1:in▸cm 2:cm▸in
3:ft▸m 4:m▸ft
5:yd▸m 6:m▸yd
7:mile▸km 8:km▸mile
9:n mile▸m A:m▸n mile
B:pc▸km C:km▸pc

Nachdem du mit [=] bestätigt hast, wird das Ergebnis angezeigt. 65 Meilen entsprechen also ca. 104,6 km.

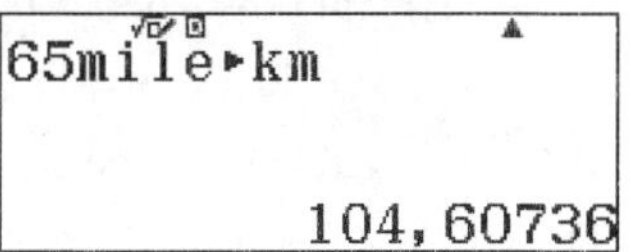

b) Um zu bestimmen, welche Temperatur in Fahrenheit 21° Celsius entspricht, gibst du «21» ein. Nun rufst du die Einheitenumrechnung mit^{S} [CONV] auf.

1:Länge
2:Fläche
3:Volumen
4:Winkel

Tippe drei Mal [▼]. Du wählst Temperatur mit [3] aus.

1:Leistung
2:Wärmedurchfluss
3:Temperatur
4:Spezif. Wärme

Du wählst mit [2] die Umrechnung °C ▶ °F aus.

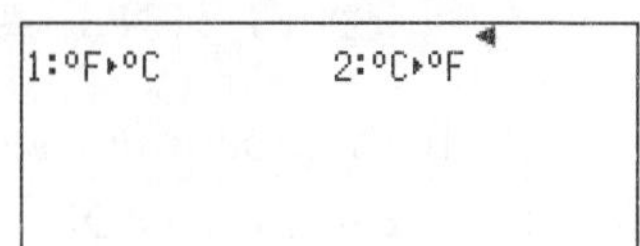

Nachdem du mit [=] bestätigt hast, wird das Ergebnis angezeigt.

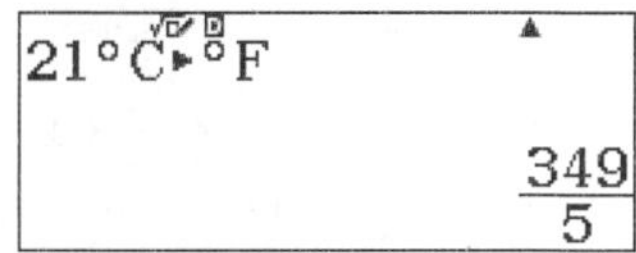

Nutze [S⇔D] um das Ergebnis als Dezimalzahl anzeigen zu lassen. Die Temperatur von 21° C entspricht also 69,8° F.

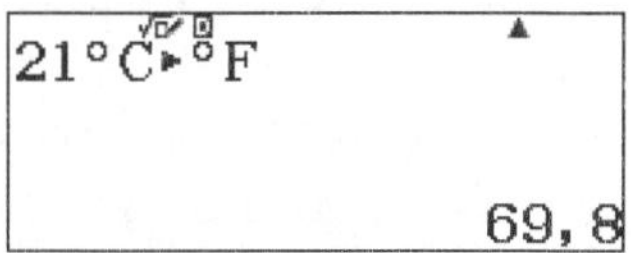

2.9 Die Exponentialschreibweise

a) I) Du gibst zuerst $\frac{1}{400}$ ein und drückst nach [=] die Taste [S⇔D], um die Zahl als Dezimalzahl anzugeben.

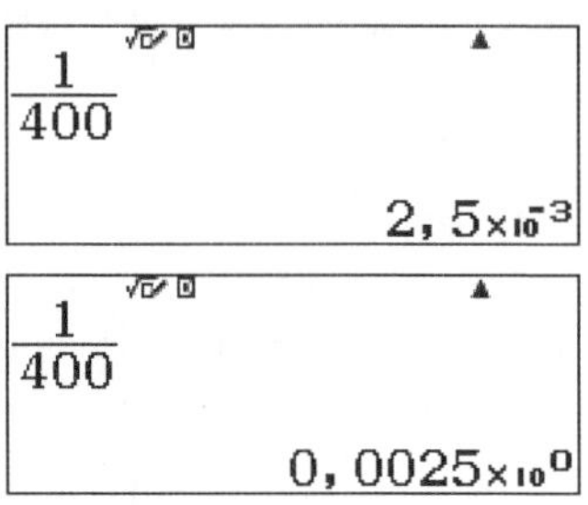

Die Zahl wurde automatisch in der Exponentialschreibweise angegeben, da sie kleiner als $\frac{1}{100}$ ist.

Um die Zahl als Dezimalzahl zu erhalten, musst du das Komma verschieben. Dies geschieht mit [SHIFT] [ENG], d.h. $^{S}[\leftarrow]$ (zweimal tippen). Also ist $\frac{1}{400} = 2{,}5 \cdot 10^{-3} = 0{,}0025$.

II) Du gibst zuerst $\frac{1}{128}$ ein und drückst nach [=] die Taste [S⇔D], um die Zahl als Dezimalzahl anzugeben.

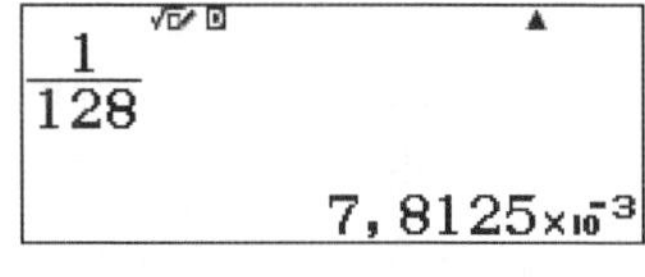

Die Zahl wurde automatisch in der Exponentialschreibweise angegeben, da sie kleiner als $\frac{1}{100}$ ist. Um die Zahl als Dezimalzahl zu schreiben, musst du das Komma verschieben.

Dies geschieht mit [SHIFT] [ENG], d.h. $^{S}[\leftarrow]$ (zweimal tippen). Also ist $\frac{1}{128} = 7{,}8125 \cdot 10^{-3} = 0{,}0078$ (gerundet).

III) Du gehst vor, wie in Aufgabe II) und erhältst nach zweimaligem Tippen von [SHIFT] [ENG] $\frac{2}{12\,300} = 1{,}6260 \cdot 10^{-4} = 0{,}00016$ (gerundet).

b) I) Du benutzt die Taste [$\times 10^x$], um die Zahl einzugeben. Die Zahl wird zunächst als Bruch angezeigt.

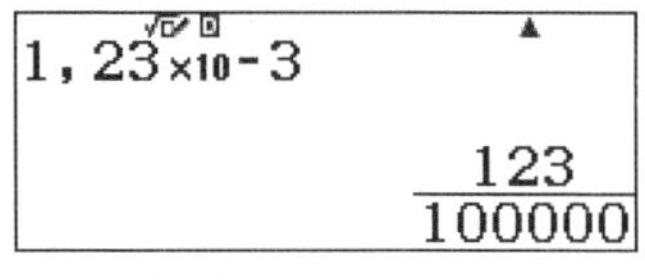

Nun wandelst du das Ergebnis mit Hilfe von [S⇔D] in eine Dezimalzahl um und erhältst wieder $1{,}23 \cdot 10^{-3}$.

Diese Zahl kann nun wie in der vorangegangenen Aufgabe mit [SHIFT] [ENG](zweimal drücken) in eine Dezimalzahl umgewandelt werden. Damit ist also $1{,}23 \cdot 10^{-3} = 0{,}00123$.

II) Du gehst vor wie in Aufgabe I) und erhältst $4{,}26 \cdot 10^{-4} = 0{,}000426$.

III) Du gehst vor wie in Aufgabe I) und erhältst $2{,}1 \cdot 10^{-3} = 0{,}0021$.

3.1 Quadratische oder kubische Gleichungen

Alle folgenden Gleichungen werden mit dem Gleichungslöser bearbeitet, den du z.B. mit [MENU] und ^{A}[A] aufrufst.

a) Du tippst [2] und dann [2] da es sich um eine quadratische Gleichung handelt, gibst die Koeffizienten ein und bestätigst jede Eingabe mit [=].

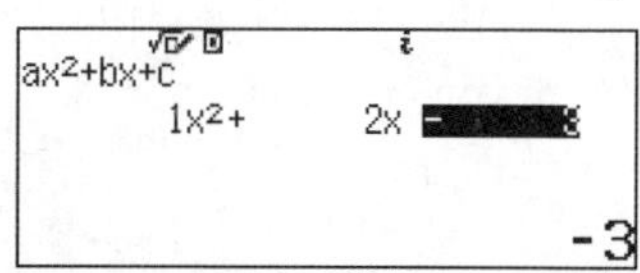

Nachdem du zum Schluss noch einmal mit [=] bestätigt hast, wird die erste Lösung angezeigt: Es ist $x_1 = 1$.

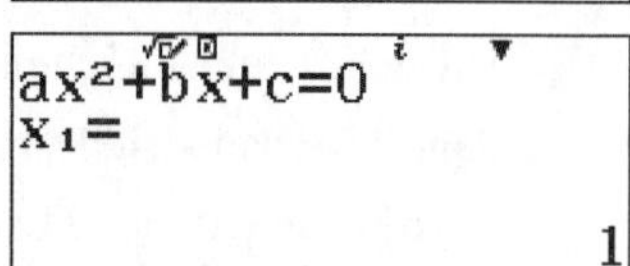

Um die zweite Lösung anzuzeigen, drückst du erneut [=], es ist $x_2 = -3$.

b) Du wählst im Gleichungslöser wieder [2] und [2]. Nun gibst du die Koeffizienten ein. Alle Eingaben werden mit [=] abgeschlossen.

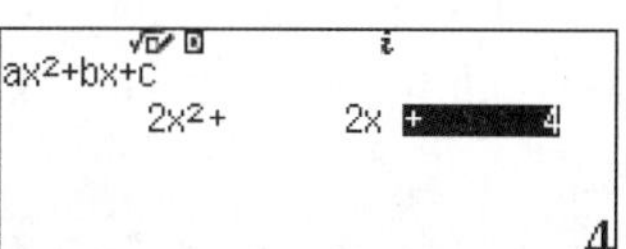

Die erste Lösung besitzt einen komplexen Anteil, den du am Buchstaben **i** erkennen kannst.

Auch die zweite Lösung ist komplex.
Die vorliegende Gleichung hat damit keine reellen Lösungen.

c) Du wählst im Gleichungslöser [2] und dann [3], da es sich um eine Gleichung dritten Grades handelt und gibst wie vorher die Koeffizienten ein.

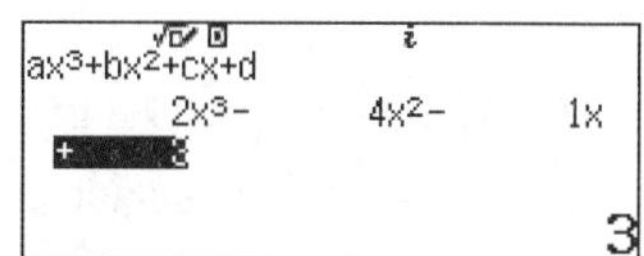

Nach dem Tippen auf [=] wird die erste Lösung angezeigt, es ist $x_1 \approx -0,8229$.

```
ax³+bx²+cx+d=0
x₁=
                -0,8228756555
```

Die nächste Lösung erhältst du durch erneute Eingabe von [=], es ist $x_2 \approx 1,8229$.

```
ax³+bx²+cx+d=0
x₂=
                  1,822875656
```

Auch die dritte Lösung erhältst du durch Tippen von [=], es ist $x_3 = 1$.

```
ax³+bx²+cx+d=0
x₃=
                            1
```

d) Du wählst im Gleichungslöser wieder [2] und dann [3], da es sich um eine Gleichung dritten Grades handelt und gibst die Koeffizienten ein.

```
ax³+bx²+cx+d
       9x³−      9x²+      4x
-4
                           -4
```

Nach der Eingabe von [=] wird die erste Lösung angezeigt, es ist $x_1 = 1$.

```
ax³+bx²+cx+d=0
x₁=
                            1
```

Die nächste Lösung ist eine komplexe Zahl, was du am Buchstaben **i** erkennen kannst.

```
ax³+bx²+cx+d=0
x₂=
                0,6666666667i
```

Auch die dritte Lösung ist komplex.
Die angegebene Gleichung hat also nur die (reelle) Lösung $x = 1$.

```
ax³+bx²+cx+d=0
x₃=
               -0,6666666667i
```

3.2 Quadratische oder kubische Ungleichungen

Alle folgenden Gleichungen werden mit dem Gleichungslöser bearbeitet, den du z.B. mit [MENU] und ^{A}[B] aufrufst.

a) Du gibst bei der Frage nach dem Grad eine «2» ein, da es sich um eine quadratische Ungleichung handelt.

```
Polyn.-Ungleich
Grad?

2~4 wählen
```

Nun wählst du den passenden Ungleichungstyp mit [4] aus.

1:ax²+bx+c>0
2:ax²+bx+c<0
3:ax²+bx+c≥0
4:ax²+bx+c≤0

Jetzt gibst du die Koeffizienten ein. Jede Eingabe bestätigst du mit [=].

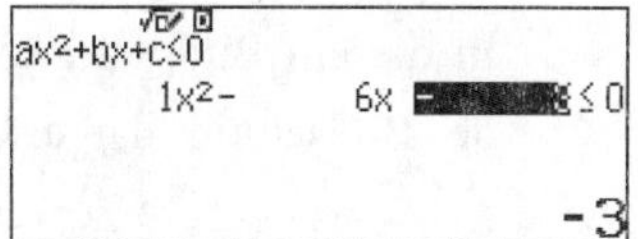

Nachdem du noch einmal mit [=] bestätigt hast, werden die Lösungen angezeigt. Die Ungleichung ist erfüllt für $3-2\sqrt{3} \leqslant x \leqslant 3+2\sqrt{3}$.

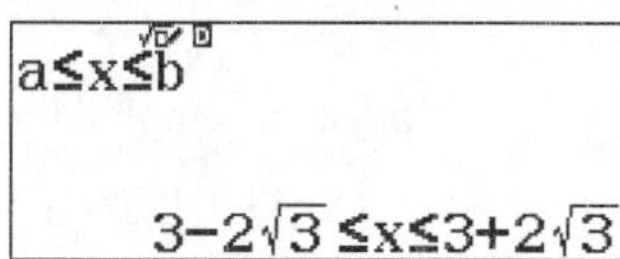

Um das Lösungsintervall mit Dezimalzahlen darzustellen, drückst du [S⇔D].

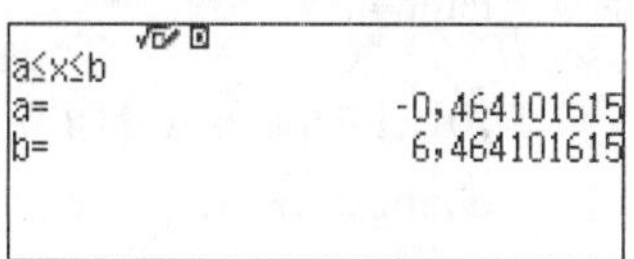

b) Du wählst im Ungleichungslöser erst den Grad der Ungleichung mit [2].

1:ax²+bx+c>0
2:ax²+bx+c<0
3:ax²+bx+c≥0
4:ax²+bx+c≤0

Anschließend wählst du den Ungleichungstyp mit [1] aus und gibst die Koeffizienten ein.

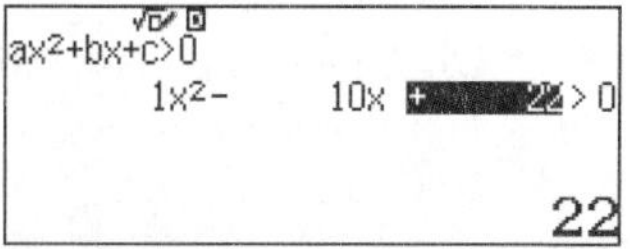

Nachdem du zum Schluss noch einmal mit [=] bestätigt hast, werden die Lösungen angezeigt. Die Ungleichung ist erfüllt für $x < 5-\sqrt{3}$ oder $x > 5-\sqrt{3}$.

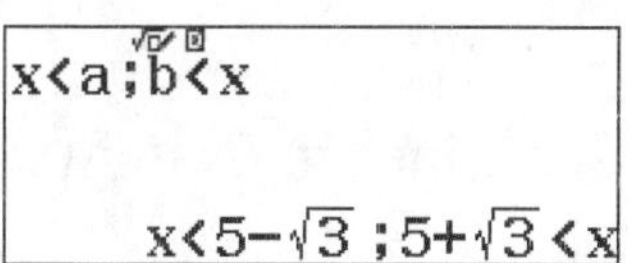

Um das Lösungsintervall mit Dezimalzahlen darzustellen, drückst du [S⇔D].

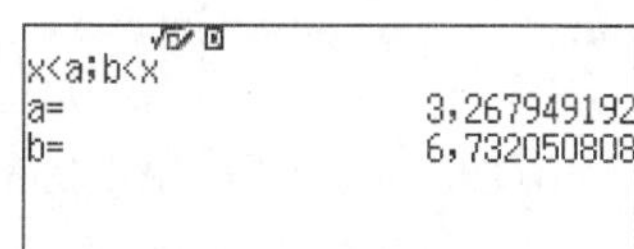

c) Du wählst im Ungleichungslöser [3], da es sich um eine Gleichung dritten Grades handelt und anschließend [2].

1:ax³+bx²+cx+d>0
2:ax³+bx²+cx+d<0
3:ax³+bx²+cx+d≥0
4:ax³+bx²+cx+d≤0

Nun gibst du die Koeffizienten ein und bestätigst mit [=].

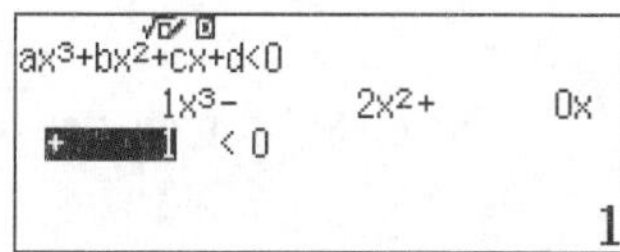

Die Ungleichung ist erfüllt für $x < -0{,}62$ und für $1 < x < 1{,}62$. Nutze [►], um den nichtsichtbaren Teil der Lösung darzustellen.

In diesem Bildschirmfoto ist die rechte Hälfte des Bildschirms dargestellt.

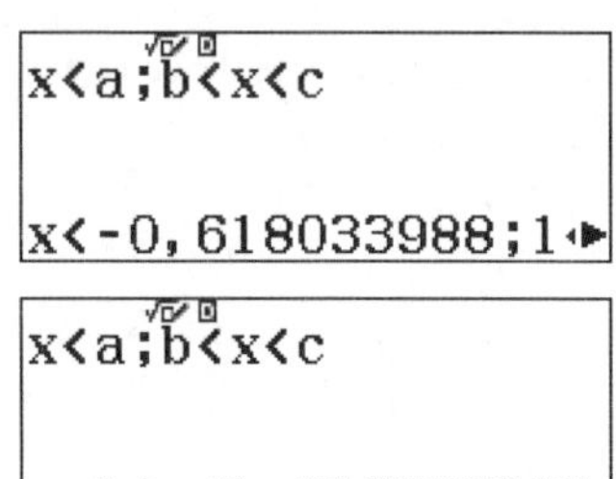

d) Du gibst im Ungleichungslöser zuerst eine «3» ein, da es sich um eine Gleichung dritten Grades handelt.

```
Polyn.-Ungleich
Grad?

2~4 wählen
```

Anschließend wählst du den gesuchten Ungleichungstyp mit [1] aus.

```
1:ax³+bx²+cx+d>0
2:ax³+bx²+cx+d<0
3:ax³+bx²+cx+d≥0
4:ax³+bx²+cx+d≤0
```

Nun gibst du die Koeffizienten ein.

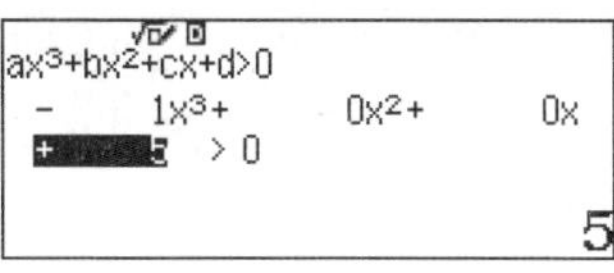

Die Ungleichung ist erfüllt für $x < 1{,}71$.

```
x<a

x<1,709975947
```

3.4 Lineare Gleichungssysteme

Alle folgenden Gleichungen werden mit dem Gleichungslöser bearbeitet, in den du im [MENU] mit A [A] und anschließend Gleichungssyst., d.h. der Taste [1] gelangst.

a) Du wählst im Gleichungslöser [2], da es sich um ein Gleichungssystem mit zwei Unbekannten handelt.

Nun gibst du die Koeffizienten ein und bestätigst ein weiteres Mal mit [=].

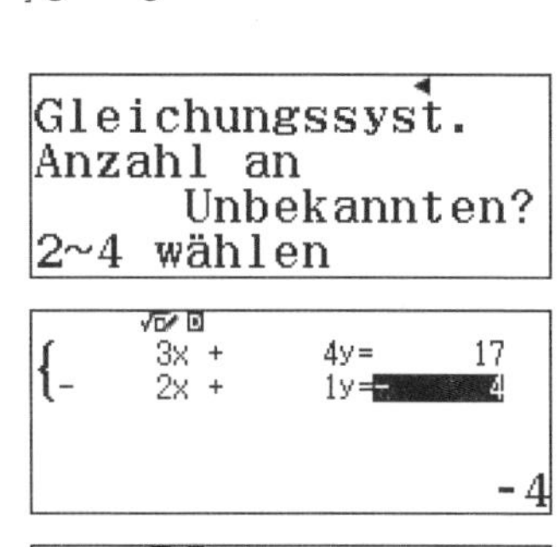

Die erste Lösungsvariable wird angezeigt, es ist $x = 3$.

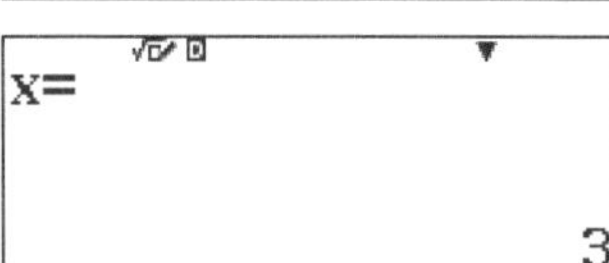

Die zweite Lösungsvariable ist $y = 2$. Das Gleichungssystem beitzt eine eindeutige Lösung:
$L = \{(3;2)\}$

b) Du wählst im Gleichungslöser [2], da es sich um ein LGS mit zwei Unbekannten handelt und gibst die Koeffizienten ein.

Das Gleichungssystem besitzt keine Lösung.

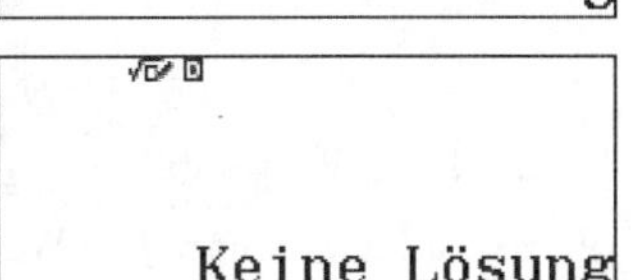

c) Du wählst im Gleichungslöser [2], da es sich um ein LGS mit zwei Unbekannten handelt und gibst die Koeffizienten ein.

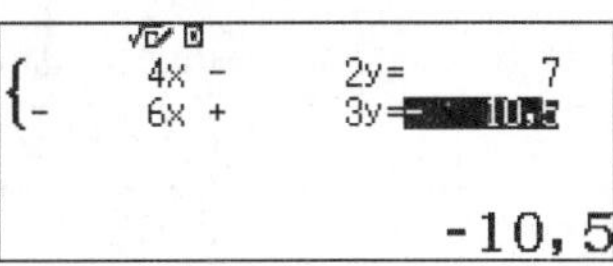

Das Gleichungssystem besitzt unendlich viele Lösungen.

d) Du wählst im Gleichungslöser [3], da es sich um ein LGS mit drei Unbekannten handelt und gibst die Koeffizienten ein.

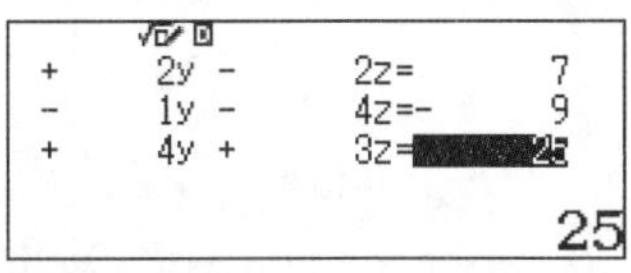

Die erste Lösungsvariable wird angezeigt, es ist $x = 3$.

Durch Tippen von [=] gelangst du zur nächsten Lösungsvariable: $y = 4$.

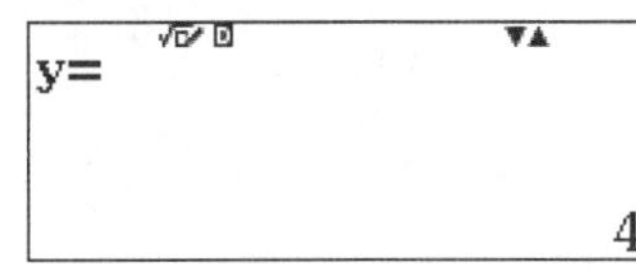

Für die letzte Lösung ergibt sich $z = 2$. Das Gleichungssystem hat also eine eindeutige Lösung $L = \{(3; 4; 2)\}$.

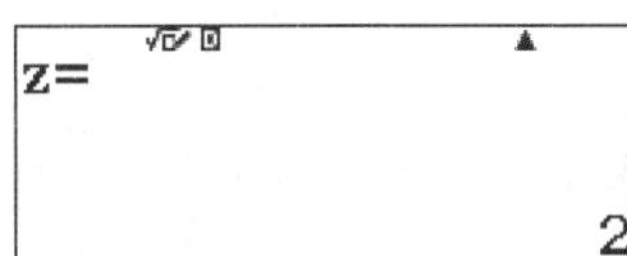

4.1 Wertetabellen

Zuerst wechselst du mit [MENU] und [6] in die Wertetabellenanwendung und gibst die Funktion ein; x wird dabei mit $[x]$ eingegeben.

Nun gibst du den Startwert 0, den Endwert 2 und die Schrittweite $0,5$ ein.

Es wird die Wertetabelle angezeigt. Mit den Navigationstasten kannst du in der Wertetabelle navigieren.

Die gesuchte Wertetabelle ist also:

x	0	0,5	1	1,5	2
$f(x)$	1	2,125	4	7,375	13

4.2 Funktionswerte berechnen mit CALC

Zuerst gibst du den Funktionsterm ein, x wird dabei mit $[x]$ eingegeben.

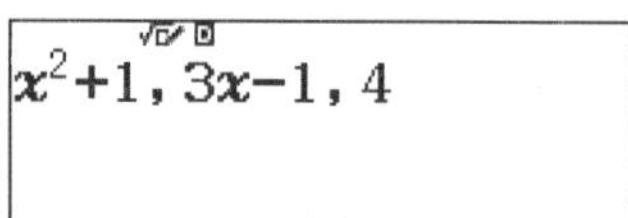

Nun drückst du einmal die [CALC]-Taste, auf dem Display erscheint nun «$x = 0$», bzw. der Wert der Variable x.

Jetzt wird der erste x-Wert, z.B. $x = 0,1$ eingegeben und zwei mal mit [=] bestätigt. Der entsprechende Funktionswert wird angezeigt.

Du tippst ein weiteres Mal [=] und gibst die nächsten x-Werte ein.

Die Nullstelle befindet sich bei $x = 0,7$.

4.3 Ableitungswerte berechnen

a) Zuerst rufst du mit $^{S}\left[\frac{d}{dx}\blacksquare\right]$ die Ableitungsberechnung auf und gibst die Funktion und den Wert ein.

Mit der Taste $[=]$ wird die Berechnung gestartet. Das Ergebnis wird angezeigt.

$\frac{d}{dx}(2x^2+3x)\big|_{x=3}$

$\frac{d}{dx}(2x^2+3x)\big|_{x=3}$ 15

b) Zuerst rufst du mit $^{S}\left[\frac{d}{dx}\blacksquare\right]$ die Ableitungsberechnung auf und gibst die Funktion und den Wert ein. Nutze $^{S}\left[e^{\blacksquare}\right]$

Mit der Taste $[=]$ wird die Berechnung gestartet.

$\frac{d}{dx}(e^x-x)\big|_{x=2}$

$\frac{d}{dx}(e^x-x)\big|_{x=2}$ 6,389056099

4.4 Integralberechnungen

a) Zuerst rufst du mit $\left[\int_{\square}^{\square}\blacksquare\right]$ die Integralberechnung auf und gibst die Funktion und die Grenzen ein; x wird dabei mit $[x]$ eingegeben.

Die Lösung wird als Bruch angezeigt.

$\int_1^5 (x^2-x)^2\,dx$

$\int_1^5 (x^2-x)^2\,dx$ $\frac{5312}{15}$

Mit $[S \Leftrightarrow D]$ kannst du das Ergebnis in eine Dezimalzahl umwandeln.

$\int_1^5 (x^2-x)^2\,dx$ $354,1\overline{3}$

Es ist damit $\int_1^5 \left(x^2-x\right)^2 dx = \frac{5312}{15} \approx 354,13$.

b) Du rufst mit $\left[\int_{\square}^{\square}\blacksquare\right]$ die Integralberechnung auf und gibst die Funktion und die Grenzen ein. e wird dabei mit $^{A}[e]$ oder $^{S}\left[e^{\blacksquare}\right]$ eingegeben.

Die Lösung wird direkt als Dezimalzahl angezeigt.

$\int_{-1}^2 (x-1)\times e^x\,dx$

$\int_{-1}^2 (x-1)\times e^x\,dx$ 1,103638324

Es ist damit $\int_{-1}^2 (x-1)\cdot e^x dx \approx 1,10$.

5.1 Listen und Statistik

a) Mit [MENU] [6] wechselst du in die Statistikanwendung, wählst mit [1] die 1-Variablen-Statistik aus und gibst die Werte ein.

Nun rufst du mit [OPTN] und [3] die 1-Variablen-Berechnung auf. Der Mittelwert beträgt $\bar{x} \approx 11,71$, für die Standardabweichung gilt: $\sigma x \approx 10,10$

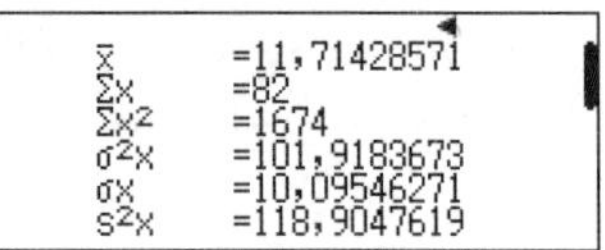

Nutze [▼] um weitere Daten angezeigt zu bekommen.

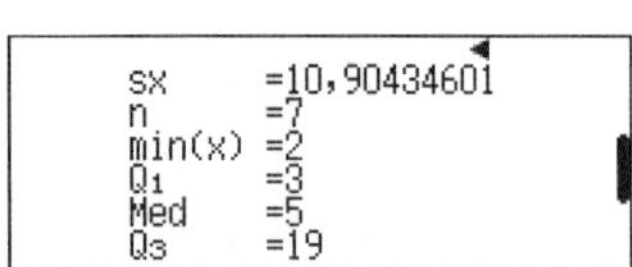

b) Du aktivierst zuerst die Anzeige der Häufigkeit Freq mit [SETUP], [▼] unter Statistik.

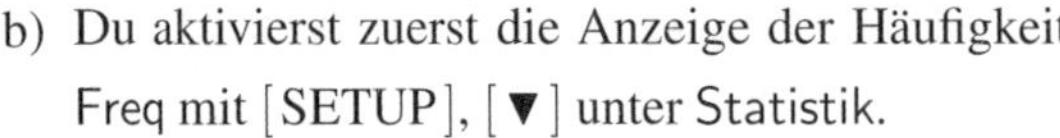

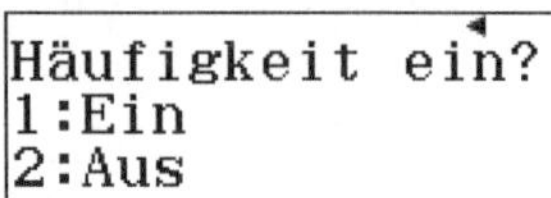

Nun gibst du die Daten und die jeweiligen Häufigkeiten ein. Bestätige jeweils mit [=].

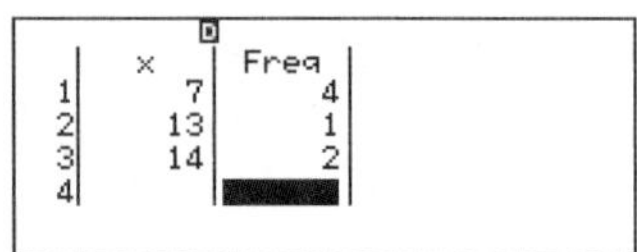

Nun rufst du mit [OPTN] und [3] die 1-Variablen-Berechnung auf. Die Summe der Punkte ist $\sum x = 69$. Die durchschnittliche Anzahl an Gewinnpunkten ist $\bar{x} \approx 9,86$.

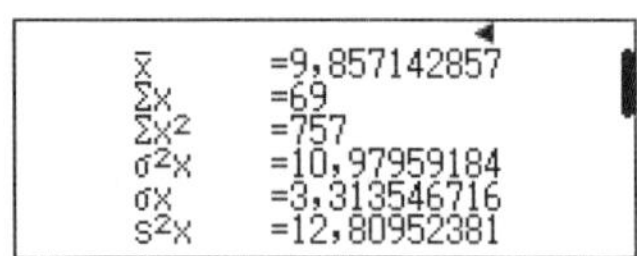

5.2 Regressionen

a) Mit [MENU] [6] wechselst du in die Statistikanwendung, wählst mit [2] die lineare Regression aus und gibst die x- und y-Werte ein.

Nun rufst du mit [OPTN] und [4] die eigentliche Regression auf. Der Regressionsterm wird angezeigt.

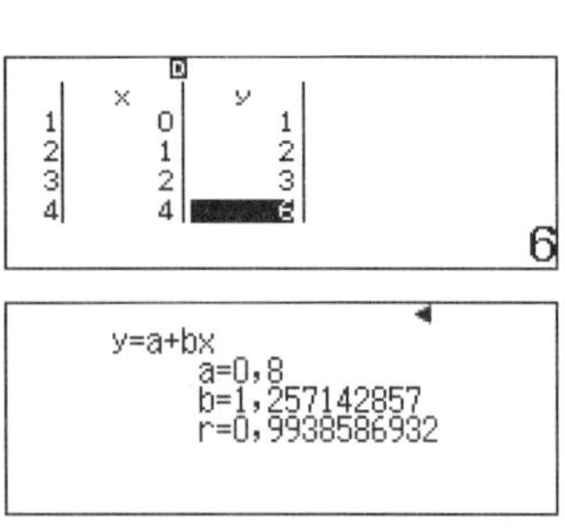

Die gesuchte lineare Regressionsfunktion hat also die (gerundete) Gleichung

$$f(x) = 0,8 + 1,26 \cdot x$$

.

b) Mit Hilfe von [OPTN] kannst du den Regressionstyp ohne Aufwand nachträglich ändern:

Du nutzt [OPTN] und wählst dann [1] um den Regressionstyp auszuwählen.

```
1:Typ auswählen
2:Editor
3:2-Variab-Berech
4:Regression
```

Nun wählst du die quadratische Regression mit [3] aus.

```
1:1 Variable
2:y=a+bx
3:y=a+bx+cx²
4:y=a+b•ln(x)
```

Die Daten sind schon eingeben, daher musst du bei den Werten nichts ändern.

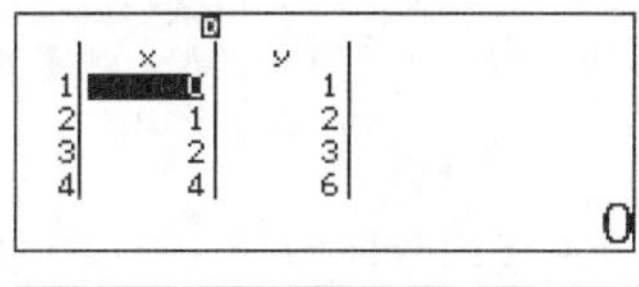

Du tippst auf [OPTN] und startest mit [4] die Regressionsberechnung.

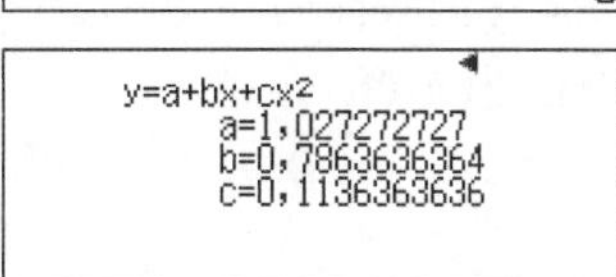

Achtung: Die vom Taschenrechner verwendete Regressionsfunktion besitzt die Gleichung $y = \mathrm{a} + \mathrm{b}x + \mathrm{c}x^2$ (Koeffizientenreihenfolge anders!) Die gesuchte quadratische Regressionsfunktion hat damit also die (gerundete) Gleichung

$$f(x) = 0,11x^2 + 0,79x + 1,03$$

c) Auch die dritte Regression kannst du in der gleichen Weise durchführen. Du nutzt [OPTN] und [1] um den Regressionstyp zu ändern.

Du wechselst mit [▼] in das nächste Anzeigefenster und wählst die exponentielle Regression mit [1] aus.

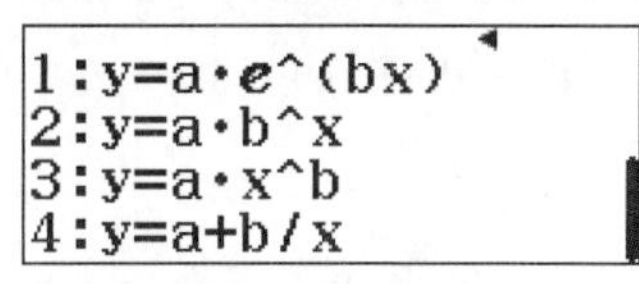

Die Daten sind schon eingeben, daher musst du bei den Werten nichts ändern.

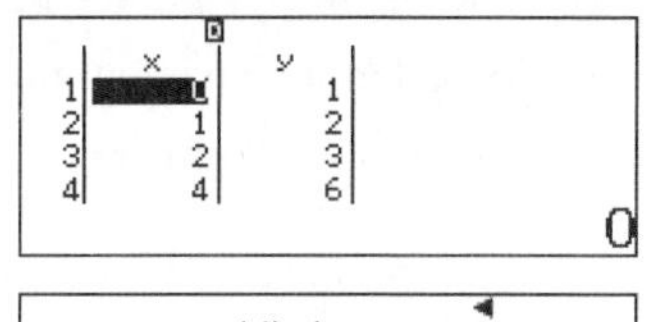

Du tippst auf [OPTN] und startest mit [4] die Regressionsberechnung.

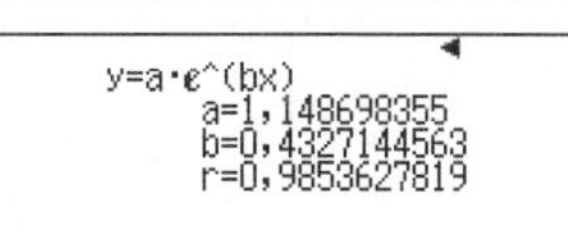

Die gesuchte exponentielle Regressionsfunktion hat damit also die (gerundete) Gleichung

$$f(x) = 1,15 \cdot e^{0,4327 \cdot x}$$

.

5.3 Die Tabellenkalkulation

Eine Summe von 50 € soll für 5 Jahre auf der Bank angelegt werden. Der Zinssatz, den die Bank bietet, beträgt 3%. Gesucht ist das Guthaben am Ende jedes Jahres mit Hilfe einer Tabelle.

Zuerst wechselst du mit [MENU] und [8] in die Tabellenkalkulation.

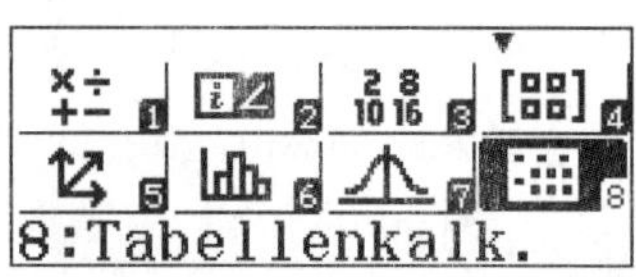

In die Zelle A1 wird das Anfangsguthaben eingeben. Die Eingabe wird mit [=] abgeschlossen.

	A	B	C	D
1	50			
2				
3				
4				

Nun wechselst du in die oberste Zelle von Spalte B und tippst [OPTN].

```
1:Formel füllen
2:Wert füllen
3:Zelle bearbeit.
4:Freier Speicher
```

Du wählst Formel füllen mit [1]. Nun gibst du ᴬ[A] [1] [×] [1][,][0][3] ein und bestätigst mit [=].

```
Formel füllen
Formel=A1×1,03
Zellen:B1:B1
```

Du wechselst mit [▼] in die nächste Zelle und nutzt [▶] um die Zellen anzupassen, auf die sich die Formel bezieht. Du bestätigst mit [=].

```
Formel füllen
Formel=A1×1,03
Zellen:B1:B5
```

Nun wechselst du zu A2 und tippst [OPTN] und wählst Formel füllen. Gib «B1» ein. Du bestätigst mit [=].

```
Formel füllen
Formel=B1
Zellen:A2:A2
```

Du wechselst mit [▼] in die nächste Zelle und nutzt [▶] um die Zellen anzupassen, auf die sich die Formel bezieht. Du bestätigst mit [=].

```
Formel füllen
Formel=B1
Zellen:A2:A5
```

Nun werden die Ergebnisse angezeigt.

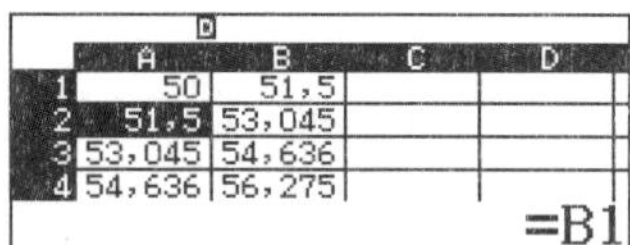

	A	B	C	D
1	50	51,5		
2	51,5	53,045		
3	53,045	54,636		
4	54,636	56,275		

=B1

Für jede Zelle wird die jeweilige Formel angezeigt.

	A	B	C	D
1	50	51,5		
2	51,5	53,045		
3	53,045	54,636		
4	54,636	56,275		

=B2

6.1 Die Binomialverteilung

a) Es handelt sich um eine Bernoullikette mit Länge 7, die Wahrscheinlichkeit für eine gerade Zahl ist $p = \frac{1}{2}$. Also gilt für die Wahrscheinlichkeit, *genau* 4-mal eine gerade Zahl zu werfen: $P(X=4) = \binom{7}{4} \cdot \left(\frac{1}{2}\right)^4 \cdot \left(1-\frac{1}{2}\right)^{7-4}$

Dies wird mit der Funktion Binomial-Dichte bestimmt.

Zuerst wählst du mit [MENU] [7] die Verteilungsfunktionen und dann die Binomial-Dichte mit [4] aus.

```
1:Normal-Dichte
2:Kumul. Normal-V
3:Inv. Normal-V.
4:Binomial-Dichte
```

Nun wählst du Variable mit [2] aus.

```
1:Liste
2:Variable
```

Im folgenden Fenster gibst du die Werte für k, n und p ein und bestätigst jeweils mit [=].

```
Binomial-Dichte
 k     :4
 n     :7
 p     :0,5
```

Nun wird der Wert für die gesuchte Wahrscheinlichkeit angezeigt. Die gesuchte Wahrscheinlichkeit beträgt also $p \approx 0,27$.

```
P=
          0,2734375
```

b) Es handelt sich um eine Bernoullikette mit Länge 7, die Wahrscheinlichkeit für eine gerade Zahl ist $p = \frac{1}{2}$. Also gilt für die Wahrscheinlichkeit, *höchstens* 4-mal eine gerade Zahl zu werfen: $P(X \leqslant 4) = F_{7;\frac{1}{2}}(4)$.

Zuerst wählst du mit [MENU] [7] die Verteilungsfunktionen, dann [▼] und nun die Binomialverteilung Kumul. Binom.-V mit [1] aus.

```
1:Kumul. Binom.-V
2:Poisson-Dichte
3:Kumul.Poisson-V
```

Nun wählst du Variable mit [2] aus.

```
1:Liste
2:Variable
```

Dann gibst du die die Werte für k, n und p ein und bestätigst jeweils mit [=].

```
Kumul. Binom.-V
 k     :4
 n     :7
 p     :0,5
```

Nun wird der Wert für die gesuchte Wahrscheinlichkeit angezeigt. Die gesuchte Wahrscheinlichkeit beträgt also $p \approx 0,77$.

```
P=
          0,7734375
```

6.2 Die Normalverteilung

Zuerst rufst du die Verteilungsfunktionen im Modusmenü mit [MENU] [7] auf.

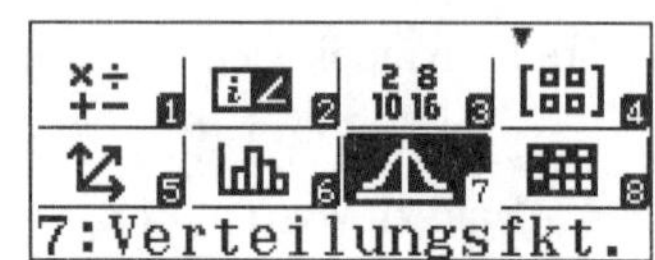

a) Du wählst im Menü die kumulierte Normalverteilung Kumul. Normal – V. mit [2] aus.

```
1:Normal-Dichte
2:Kumul. Normal-V
3:Inv. Normal-V.
4:Binomial-Dichte
```

Im folgenden Fenster gibst du die Werte für die untere z.B. (z.B. – 100) und die obere (55) Grenze von X ein und bestätigst jeweils mit [=].

```
Kumul. Normal-V
Untere:-100
Obere :55
σ     :2
```

Nun werden die Werte für σ und μ eingegeben: Du bestätigst auch hier mit [=]. Du bestätigst erneut mit [=].

```
Kumul. Normal-V
Obere :55
σ     :2
μ     :58
```

Der Wert für die gesuchte Wahrscheinlichkeit wird angezeigt. Die gesuchte Wahrscheinlichkeit beträgt also $p \approx 0,07$.

```
P=
        0,06680720128
```

b) Du wählst im Menü die kumulierte Normalverteilung Kumul. Normal – V. mit [2] aus.

```
1:Normal-Dichte
2:Kumul. Normal-V
3:Inv. Normal-V.
4:Binomial-Dichte
```

Im folgenden Fenster gibst du die Werte für die untere (57) und die obere Grenze (59) von X ein und bestätigst jeweils mit [=].

```
Kumul. Normal-V
Untere:57
Obere :59
σ     :2
```

Nun werden die Werte für σ und μ eingegeben: Du bestätigst auch hier mit [=]. Du bestätigst erneut mit [=].

```
Kumul. Normal-V
Obere :59
σ     :2
μ     :58
```

Der Wert für die gesuchte Wahrscheinlichkeit wird angezeigt. Die gesuchte Wahrscheinlichkeit beträgt also $p \approx 0,38$.

```
P=
         0,3829249234
```

c) Diese Aufgabe lässt sich mit Hilfe der Inversen Normalverteilung lösen:

Du wählst im Menü die Inverse Normalverteilung Inv. Normal – V mit [3] aus.

```
1:Normal-Dichte
2:Kumul. Normal-V
3:Inv. Normal-V.
4:Binomial-Dichte
```

Gesucht ist der Wert, für den $100\,\% - 5\,\% = 95\,\%$ der Fläche der Normalverteilung überdeckt sind, daher gibst du bei Fläche den Wert $0,95$ ein.

```
Inv. Normal-V.
Fläche:0,95
σ     :2
μ     :58
```

Du bestätigst mit [=]. Das Mindestgewicht der $5\,\%$ schwersten Brezeln beträgt also ca. $61,3\,g$

```
xInv=

          61,28970733
```

7.1 Vektoren: Addition, Subtraktion, Betrag

Du wechselst zuerst mit [MENU] [5] in den Vektormodus. Nun wählst du [1], um den Vektor A zu definieren.

```
Vek. definieren
1:VctA    2:VctB
3:VctC    4:VctD
```

Da es sich um einen dreidimensionalen Vektor handelt, wählst du im nebenstehenden Fenster [3].

```
VctA
Dimension?

2~3 wählen
```

Nun gibst du die Koeffizienten ein und schließt die Eingabe jeweils mit [=] ab.

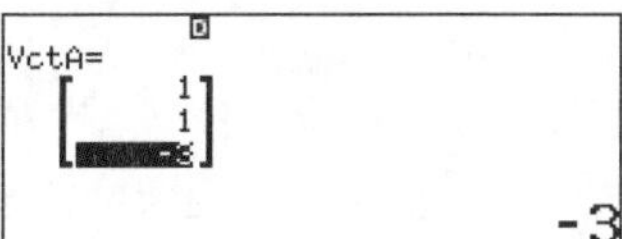

Um den zweiten Vektor einzugeben, tippst du zuerst [OPTN], und wählst dann Vek. definieren mit [1] aus.

```
1:Vek. definieren
2:Vek. bearbeiten
3:Vektorrechnung
```

Durch Tippen von [2] wählst du VctB aus.

```
Vek. definieren
1:VctA    2:VctB
3:VctC    4:VctD
```

Du nutzt [3], da es sich um einen dreidimensionalen Vektor handelt und kannst anschließend die Koeffizienten eingeben.

```
VctB
Dimension?

2~3 wählen
```

Nun kannst du die Koeffizienten des zweiten Vektor eingeben.

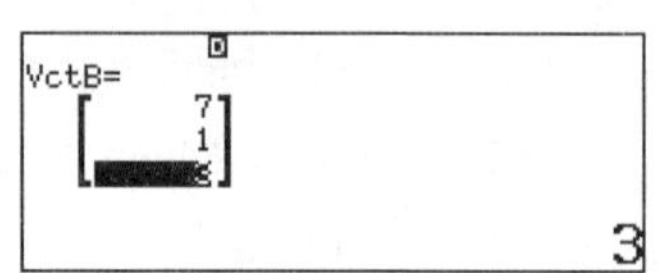

Als Nächstes tippst du auf [AC], um zum Vektorberechnungsbildschirm zu gelangen.

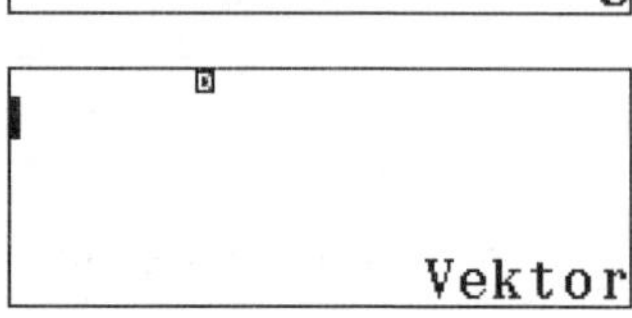

a) Nun kannst du den ersten Vektor mit [OPTN] und [3] aufrufen.

```
1:Vek. definieren
2:Vek. bearbeiten
3:VctA    4:VctB
5:VctC    6:VctD
```

Nun fügst du das Pluszeichen hinzu. Vektor B wird auf die gleiche Weise mit [4] eingefügt.

```
VctA+VctB
```

Das Ergebnis wird nun angezeigt. Es ist also

$$\vec{a}+\vec{b}=\begin{pmatrix}8\\2\\0\end{pmatrix}.$$

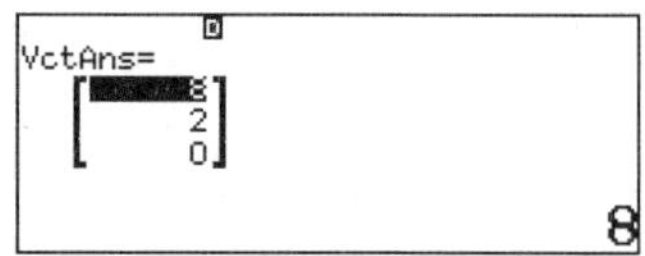

b) Du rufst den ersten Vektor mit [OPTN] und dann [3] auf.

```
1:Vek. definieren
2:Vek. bearbeiten
3:VctA    4:VctB
5:VctC    6:VctD
```

Nun fügst du das Minuszeichen hinzu. Vektor B wird analog eingefügt.

```
VctA-VctB
```

Das Ergebnis wird nun angezeigt. Es ist also

$$\vec{a}+\vec{b}=\begin{pmatrix}-6\\0\\-6\end{pmatrix}.$$

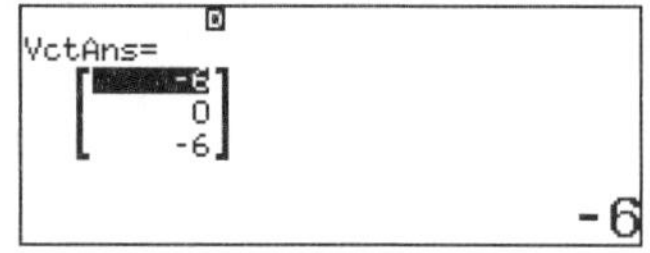

c) Du gibst «2» ein und rufst den ersten Vektor mit [OPTN] und dann [3] auf.

```
2VctA
```

Nun fügst du das Pluszeichen hinzu. Vektor B wird auf die gleiche Weise eingefügt.

```
2VctA+3VctB
```

Das Ergebnis wird nun angezeigt. Es ist also

$$2\vec{a}+3\vec{b}=\begin{pmatrix}23\\5\\3\end{pmatrix}.$$

```
VctAns=
[23]
[ 5]
[ 3]
                 23
```

d) Du rufst zuerst den Betrag auf mit ^{S}[Abs]. Nun fügst du den Vektor $\vec{a}$ ein mit [OPTN] und [3].

```
Abs(VctA)
```

Du bestätigst mit [=] und bekommst den Betrag angezeigt, es ist also $|\vec{a}| \approx 3,32$.

```
Abs(VctA)
       3,31662479
```

e) Du rufst zuerst den Betrag auf mit ^{S}[Abs]. Nun fügst du die den Vektoren $\vec{a}$ und $\vec{b}$ ein mit [OPTN], [3] und [4].

```
Abs(VctA+VctB)
```

Du bestätigst mit [=] und bekommst den Betrag angezeigt, es ist $|\vec{a}+\vec{b}| \approx 8,25$.

```
Abs(VctA+VctB)
       8,246211251
```

7.2 Skalarprodukt, Kreuzprodukt, Winkelberechnungen

Falls du den Vektormodus nicht verlassen hast, sind die beiden Vektoren noch von den vorangegangenen Aufgaben eingegeben.

a) Du rufst den ersten Vektor mit [OPTN] und dann [3] auf.

```
1:Vek. definieren
2:Vek. bearbeiten
3:VctA     4:VctB
5:VctC     6:VctD
```

Nun nutzt du[OPTN] und [▼] und wählst das Skalarprodukt mit [2].

```
1:VctAns
2:Skalarprodukt
3:Winkel
4:Einheitsvektor
```

Vektor B wird eingefügt mit [OPTN] und [4]. Anschließend schließt du die Eingabe ab mit [=].

```
VctA•VctB
```

Das Ergebnis wird nun angezeigt. Es ist also
$\vec{a} \cdot \vec{b} = -1$

b) Du rufst den ersten Vektor mit [OPTN] und [3] auf.

Nun fügst du das Zeichen für die vektorielle Multiplikation hinzu mit [×] und Vektor $\vec{b}$ mit [OPTN] und [4].

Das Ergebnis wird nun angezeigt. Es ist also

$$\vec{a} \times \vec{b} = \begin{pmatrix} 6 \\ -24 \\ -6 \end{pmatrix}$$

c) Du rufst den Winkelbefehl auf mit [OPTN], [▼] und [3].

Du nutzt [OPTN], dann [3] S[;] und dann [OPTN] und [4] um die beiden Vektoren einzufügen. Bestätige mit [=].
Der Winkel ist also. $\alpha \approx 92{,}25°$.

d) Du rufst den Befehl zum Normieren (Einheitsvektor) auf mit [OPTN], [▼] und [4]. Nun fügst du $\vec{a}$ ein und bestätigst mit [=].

Der normierte Vektor $\vec{a}$ wird angezeigt.

```
VctA•VctB
                 -1
```

```
VctA
```

```
VctA×VctB
```

```
VctAns=
[ 6 ]
[-24]
[ -6]
                  6
```

```
Angle(
```

```
Angle(VctA;VctB)
        92,24963405
```

```
UnitV(VctA)
```

```
VctAns=
[ 0,3015]
[ 0,3015]
[-0,904 ]
       0,3015113446
```

8 Matrizen

a) Mit [MENU] [4] [1] [2] [2] rufst du das Eingabefenster für eine 2 × 2-Matrix auf, gibst die Koeffizienten ein und verlässt die Eingabe mit [AC].

Du benutzt [OPTN] [1] [2] [2] [2], um die Matrix B einzugeben und verlässt das Eingabefenster mit [AC].

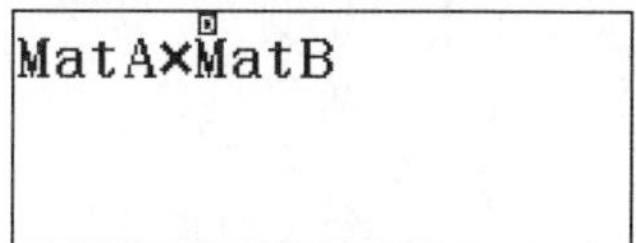

Mit [OPTN] [3] und [OPTN] [4] kannst du jetzt die beiden Matrizen aufrufen.

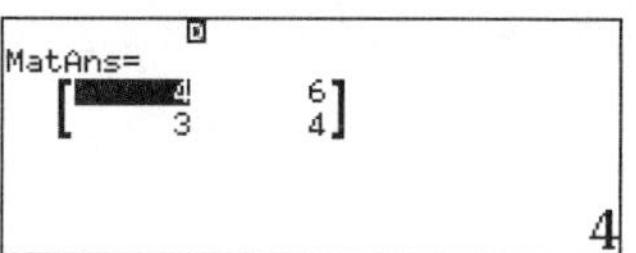

Nach Abschluss der Eingabe mit [=] wird die Ergebnismatrix angezeigt.

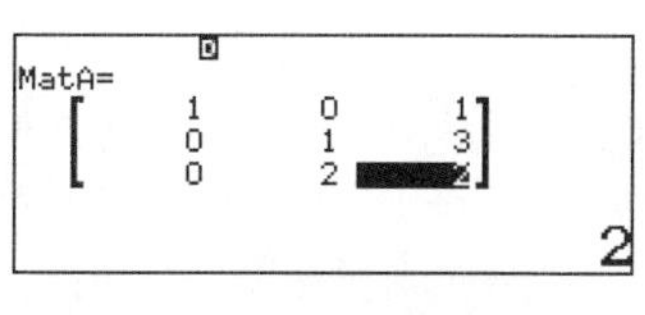

Damit ist $A \cdot B = \begin{pmatrix} 1 & 1 \\ 0 & 1 \end{pmatrix} \cdot \begin{pmatrix} 1 & 2 \\ 3 & 4 \end{pmatrix} = \begin{pmatrix} 4 & 6 \\ 3 & 4 \end{pmatrix}$.

b) Mit [MENU] [4] [1] [3] [3] rufst du das Eingabefenster für eine 3 × 3-Matrix auf, gibst die Koeffizienten ein und verlässt die Eingabe mit [AC].

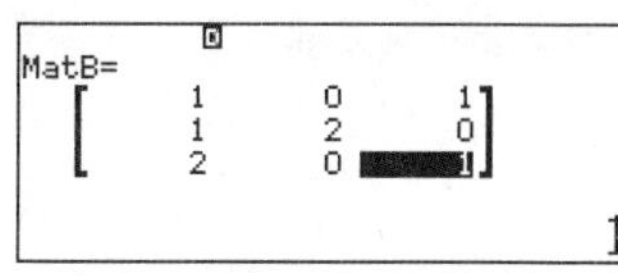

Du benutzt [OPTN] [1] [2] [3] [3], um die Matrix B einzugeben und verlässt das Eingabefenster mit [AC].

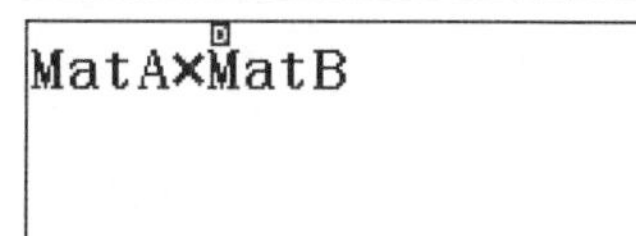

Mit [OPTN] [3] und [OPTN] [4] kannst du die beiden Matrizen aufrufen.

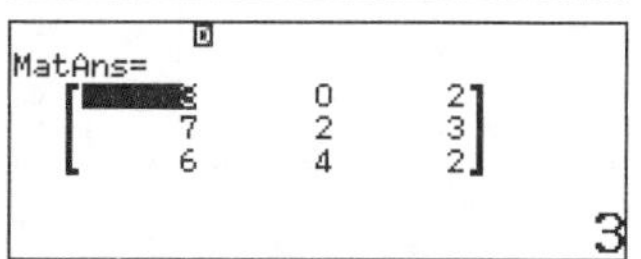

Nach Abschluss der Eingabe mit [=] wird die Ergebnismatrix angezeigt.

Damit ist $A \cdot B = \begin{pmatrix} 1 & 0 & 1 \\ 0 & 1 & 3 \\ 0 & 2 & 2 \end{pmatrix} \cdot \begin{pmatrix} 1 & 0 & 1 \\ 1 & 2 & 0 \\ 2 & 0 & 1 \end{pmatrix} = \begin{pmatrix} 3 & 0 & 2 \\ 7 & 2 & 3 \\ 6 & 4 & 2 \end{pmatrix}$.

c) Mit [MENU] [4] [1] [2] [2] rufst du das Eingabefenster für eine 2×2-Matrix auf, gibst die Koeffizienten ein und verlässt die Eingabe mit [AC].

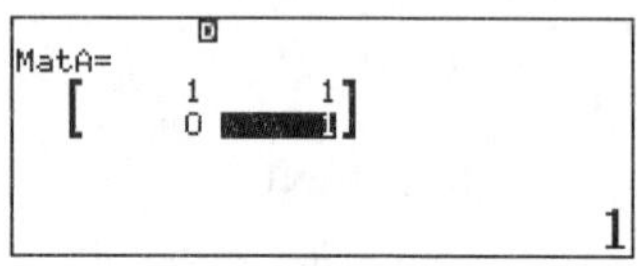

Mit [OPTN] [3] rufst du die Matrix A auf und benutzt die $[x^{-1}]$-Taste.

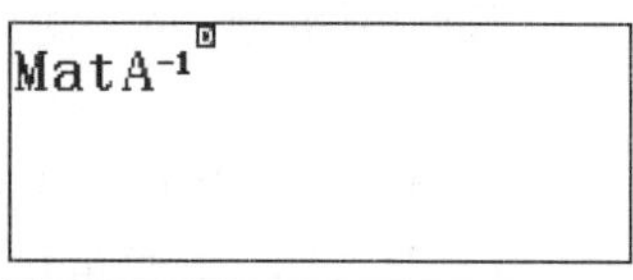

Nach Abschluss der Eingabe mit [=] wird die Ergebnismatrix angezeigt.

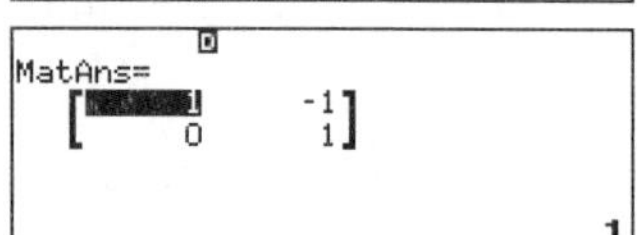

Die inverse Matrix A^{-1} von A ist damit $A^{-1} = \begin{pmatrix} 1 & -1 \\ 0 & 1 \end{pmatrix}$.

Stichwortverzeichnis